越聪明的女人越简单

林雅萍　编著

北方妇女儿童出版社
· 长春 ·

版权所有　侵权必究

图书在版编目（CIP）数据

越聪明的女人越简单 / 林雅萍编著. -- 长春 : 北方妇女儿童出版社, 2024. 10. -- ISBN 978-7-5585-8852-5

Ⅰ. B825-49

中国国家版本馆CIP数据核字第2024NK9605号

越聪明的女人越简单

YUE CONGMING DE NüREN YUE JIANDAN

出 版 人　师晓晖
责任编辑　李绍伟
装帧设计　天下书装
开　　本　880mm × 1230mm　1/32
印　　张　7
字　　数　120千字
版　　次　2024年10月第1版
印　　次　2024年10月第1次印刷
印　　刷　三河市南阳印刷有限公司
出　　版　北方妇女儿童出版社
发　　行　北方妇女儿童出版社
地　　址　长春市福祉大路5788号
电　　话　总编办：0431-81629600

定　　价　39.80元

前言

Preface

我们常常被社会的标准和期望束缚，拼命追求所谓的“完美”。作为女性，我们不仅要面对职场的竞争，还要兼顾家庭与自我，所以时常感到身心俱疲。但你有没有发现，那些在生活中游刃有余、光彩照人的女性，往往都有一个共同点——她们懂得如何“简化”自己的生活。

“简单”并不意味着缺乏深度或丰富性，相反，它是一种对生活的深刻理解——知道何时说“不”，知道如何抓住最重要的，知道如何让生活回归到最本质的状态。这本书将探讨如何在职业发展、人际关系、自我照顾和精神成长中，通过简化来提高效率、减少自身压力，并增强内在的幸福感。

书中分享的故事、案例或建议都源自真实的女性生活经验，她们可能是你的朋友、同事或是你自己的写照。她们证明了，简化生活不仅能帮助我们更好地管理日常生活，还能让我们有空间去追寻梦想、培养正常的人际关系，以及关照自己的身心健康。

在这里，你能看到聪明女人是如何通过简化思维、简化生活、简化关系，从而获得更多的自由、快乐和成就的。我们会一起探讨如何摒弃不必要的东西，专注于真正重要的事物；如何减少内心的纠结和焦虑，让心灵得到真正的放松；如何在忙碌中找到平衡，享受生活的每一个瞬间。

这本书适合每一个渴望在快节奏生活中找到平衡和幸福的女性。不论你是职场女强人，还是全职妈妈，抑或是正在探索职场道路的年轻女孩儿，这里都有你需要的智慧和启发。

请和我们一起，走进这些智慧女性的世界，感受她们的生活哲学。你会发现，简简单单的生活，正是通向幸福的智慧之路。抛开那些沉重的包袱，轻装上阵，你会发现，女人越简单越幸福。

目录 Contents

第一篇
在复杂中追求简单

第二篇

简约而有力量，极简却不简单

第三篇

时间管理与效率提升

第四篇

人际关系与极简社交

第五篇

简约理财，给自己十足的安全感

第一篇

在复杂中追求简单

我们时常被各种信息和选择淹没，心灵不堪重负。在复杂中追求简单，才是通往内心安宁的秘诀。但简单并不意味着单调或缺乏深度，而是一种生活态度，是对事物本质的洞察与把握。如果我们学会从复杂中抽丝剥茧，找到生活的核心，就能让生活更加清晰、有序，充满幸福感。

拒绝冗余，给生活做减法

现代生活中充满了各种琐碎与复杂的事情，越聪明的女人越懂得在纷扰中寻求简单。简单并不是放弃，而是对生活本质的追求。它让我们更专注、更平静、更幸福。

我们每个人仿佛都被无数的琐事和复杂的情况包围。手机里的社交软件不断闪烁着新消息，电子邮箱里堆积如山的未读邮件，还有各种会议、社交需要应付。我们时常感到疲惫不堪，仿佛被这些压得喘不过气来。然而，越聪明的女人越懂得在纷扰中寻求简单，她们知道，给生活做减法，才是通往幸福的捷径。

忙碌正在击垮我们的生活

想象一下，你的日程表上排满了各种会议和活动，你匆匆忙忙地从一个地方赶到另一个地方，却往往忽略了与家人和朋友相处的时光。而当你开始给生活做减法，懂得拒绝一些不必要的应酬和聚会时，你会发现，你有了更多的时间来陪伴家人或与朋友深入交流。这些珍贵的时光，才是生活中真正重要的部分。

简化生活的过程是一个自我发现的过程，通过给生活做减法，我们可以看清自己真正需要的是什么，哪些是我们生活中的重点，哪些又是我们可以放弃的。当然，简单生活并不意味着我们要放弃所有的便利而去过一种苦行僧式的生活。相反，它教我们如何利用这些便利来提高我们的生活质量，而不是成为它们的奴隶。

丛林女王——简·古道尔

古往今来，许多杰出的女性以其非凡的成就和独特的生活方式，给我们留下了深刻的印象。简·古道尔这个名字，对于许多人来说并不陌生。她曾经出现在央视《动物世界》的片头影像中，成为“80后”的共同记忆。她的故事也通过教科书进入了“90后”的视野，随着近年来多部纪录片在视频网站上的传播，她在年青一代中也获得了颇高的知名度。

在非洲的贡贝森林中，简·古道尔与黑猩猩为伴，观察它们的习性，记录它们的生活。她不仅深入了解了这些灵长类动物的行为和习性，还通过自己的研究为保护黑猩猩提供了重要的科学依据。她的工作不仅具有极高的科学价值，也让我们对自然界的生物多了一份敬畏和理解。

面对自然环境日益恶化的现状，简·古道尔并没有袖手旁观。她创立了“根与芽”项目，这是一个致力于环境保护和青少年教育的国际组织。通过这个项目，她不仅身体力行地投身环保事业，还鼓励年轻人关注环境问题，培养他们的环保意识。

数十年如一日，她为地球和生物的未来不断奔走，展现了一位科学家的社会责任和使命担当。她曾被联合国任命为“联合国和平信使”，并被誉为“有史以来最有影响力的女性之一”。

简·古道尔选择了远离都市的繁华与喧嚣，在非洲的丛林中生活多年，过着极其简单的生活。这种简单的生活方式使她能够专注于黑猩猩研究和环保事业。她的故事告诉我们，追求简单生活并不意味着放弃追求和梦想。相反，它让我们能够更加专注于自己真正热爱的事业，并为之付出全部的努力。

物质并不代表幸福

我们生活在一个物质极为丰富的时代，各种商品和服务层出不穷。然而，丰富的物质并不能给我们带来真正的幸福，反而可能让我们陷入无尽的欲望旋涡。学会精简自己的需求，只选择自己真正需要、真正喜欢的东西，我们会发现，生活其实并不需要那么多繁杂的物质来支撑。

- **精简需求，享受真正的幸福**
  - 专注于生活的本质
  - 剔除不必要的干扰
  - 享受生活中的每一份美好
  - 自我发现
  - 看清自己真正需要的是什么
  - 利用现代化设备提高生活质量

学会给生活做减法

简单生活的意义在于：它能够让我们更加专注于生活的本质。当我们的生活被过多的琐事占据时，我们就容易失去对生活的真实感受。而通过给生活做减法，我们可以剔除那些不必要的干扰，更加清晰地看到生活的美好。无论是与家人共度的温馨时光，还是与朋友分享的快乐瞬间，这些简单而纯粹的体验才是我们生活中最宝贵的财富。

当我们不再为过多的物质和欲望所累时，我们的心灵也会变得更加轻松和自由。我们可以有更多的时间和精力去关注自己的内心世界，去追求真正的梦想和目标。这种内心的平静和满足是任何物质都无法替代的。

简单生活与幸福感

简单生活与幸福感息息相关。当我们减少不必要的负担和干扰后，生活就会变得更加轻松和愉悦。简单的生活方式可以帮助我们更好地享受当下，珍惜身边的每一个瞬间。

一杯咖啡、一本引人入胜的好书，或是一段让人身心愉悦的音乐，都能让我们在生活的点滴中找到那份独特的小确幸。这样的时光或许没有惊心动魄的波澜，但每一步前行都充满了踏实与满足。

每当和家人围坐一堂，分享彼此的日常琐事，那份欢声笑语和家的温馨便溢满了整个房间。这种简单而真挚的幸福，远比任何奢华与喧闹都来得更为深刻。

生活的平淡，并非意味着毫无乐趣。相反，它蕴含着无尽的真实与美好，教会我们如何去珍视并感恩每一个转瞬即逝的瞬间。在这份平淡中，我们学会了倾听内心的呼唤，寻觅到了那份真正的愉悦与满足。

幸福是无法用金钱来衡量的

我们为何总是渴望拥有更多的物品？为何会费尽心思去追求物质的丰富？让我来揭示其中的奥秘吧！归根结底，是因为我们渴望展现自我价值。我们试图通过对物品的拥有来向外界彰显自己的价值与地位。

这种心理驱使我们在购物时不断比较、追求更多。一辆豪华轿车、一款名牌手表，或者是一套位于黄金地段的房产，都可能成为我们向他人展示自己成功与价值的“名片”。我们误认为，拥有这些物品就能证明自己的成功，就能赢得他人的羡慕和认可。

停下脚步，探索真正的幸福

当我们执着于物质追求的时候，往往会忽略生活中真正的幸福。那些无法用金钱衡量的情感、健康、友情，才是生活中最宝贵的财富。我们在不断积累物质财富的同时，也许失去了与家人共度的欢乐时光，忽视了与朋友的交流，甚至牺牲了自己的健康。

是时候停下脚步，重新思考我们的生活方式了。试着减少不必要的物质消费，将时间和金钱都花在能够给自己带来真正幸福感的活动中。比如，与家人共享一顿温馨的晚餐，与朋友一起徒步旅行，或独自在图书馆沉浸在书海中，这些简单而平凡的经历，往往能给我们带来更持久的满足感和快乐。

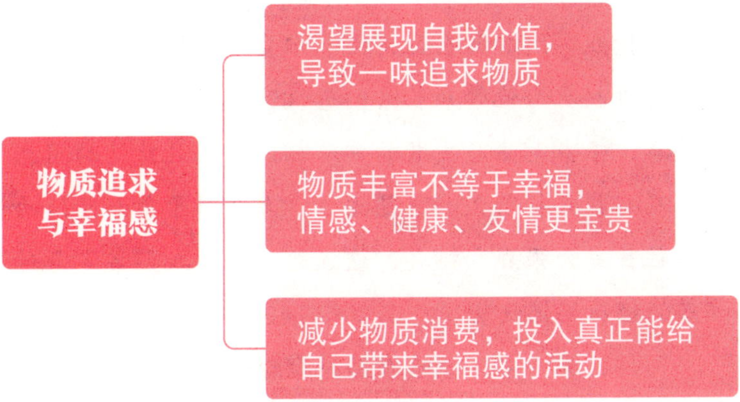

胜利的喜悦，竟然如此短暂

在安德烈·阿加西和泰·本·沙哈的故事中，虽然背景和环境不同，但他们都经历了一个相似的心理过程：在达到一个重大的目标或获得极大的成功后，他们体验到的喜悦和满足感似乎很快就消散了。这背后其实有着科学的解释。

首先，我们得明白，人的大脑是一个非常精妙且复杂的系统。当我们经历着一些积极的情绪，比如喜悦、幸福时，大脑会释放出一种叫作多巴胺的神经传导物质。这种物质会让我们觉得快乐，让我们感受到一种满足感。然而，大脑很快就会“习惯”这种快乐的状态，多巴胺的分泌会随之减少。这就是为什么我们常常会觉得，一些原本让我们非常开心的事情，随着时间的推移，其带来的快乐似乎越来越少了。

安德烈·阿加西在赢得温布尔登网球锦标赛后，原本期待胜利会给他带来长久的喜悦，但他很快就发现，这种喜悦根本无法与失败的痛苦相比，而且持续时间也远不及悲伤来得长久。这是因为，大脑对于负面情绪的反应往往更为强烈和持久，这也是为什么我们常常会对痛苦的经历记忆犹新。

同样，泰·本·沙哈在赢得壁球锦标赛后，也体验到相似的感受。他经过多年的努力和训练，终于实现了自己的梦想。然而，当庆祝结束，他独自回到家中时，发现那份极致的喜悦早已不见踪影。他的大脑已经“习惯”了那种快乐的状态，不再像之前那样大量分泌多巴胺了。

在追求幸福生活的道路上，我们往往容易被远大的目标和辉煌的成就吸引。然而，安德烈·阿加西和泰·本·沙哈的故事告诉我们一个相反的道理：真正的幸福生活，往往隐藏在简单平凡之中。

幸福生活，简单平凡才持久

在心理学上，有一种被称为“幸福适应”或“心理适应”的现象，它揭示了人们对正面情绪的适应速度远远超过了对负面情绪的适应速度。这意味着，无论我们取得了多么辉煌的成就，我们的幸福感都会很快回归到一个相对稳定的基线水平。也就是说，我们的大脑很快就会习惯当前的状态，不论这种状态是好是坏。

真正的幸福，其实就蕴藏在我们的日常生活中，那些看似微不足道的瞬间，如家人的一个微笑、朋友的一声问候，或是闲暇时的一杯茶。这些简单而平凡的小事，才是构成我们幸福生活的基石。大脑不习惯这些小事，因此其能持续地带给我们快乐和满足。

简单并不是说生活就得单调，它是对生活的一种热爱和尊重。我们选择了简单，就像找到了一个与世界和谐共处的方式，这样更容易感受到生活的美好，发现身边的小确幸。

整理物理空间：从杂乱到井然有序

一个温馨而有序的家，能让我们在忙碌一天后放下疲惫，享受纯粹的放松。一个清爽整洁的家居环境，不仅能够提升我们的居住体验，还能让我们的心情变得明朗愉快。让我们摒弃冗余，只留下那些对我们真正有价值和有意义的物品。

舍弃不是失去，而是得到

一提到“舍弃”二字，人们往往会联想到失去和吃亏，似乎它就意味着某种损失。然而，我们一定要抛开这样的想法。事实上，真正的舍弃并非单纯的减法，而是一种更为深远的加法。每当我们勇敢地舍弃一些不再需要或不再适合的东西时，我们实际上是为自己创造了新的可能性和打开了新的空间。

舍弃后，我们会惊奇地发现，原本被杂物占据的时间和空间被释放了出来，生活的便利性和自由度得到了显著提升。更重要的是，每一次舍弃都像是一次重生，它赋予我们新的能量和视角去看待生活。因此，我们选择舍弃时，不妨将焦点从所失转向所得，这样我们会发现，舍弃其实是一种更高层次的拥有。

生活不是拥有的越多越好，而是要学会选择和放弃。只有当我们敢于舍弃那些不必要的束缚和负担时，我们才能真正地感受到自由和轻松。我们可以重新审视自己的生活，找到真正对自己有价值的东西，让生活变得更加简单、纯粹和美好。

什么是“断舍离”？

玛丽·孔多是整理专家，“断舍离”这个理念就是由她提出来的，在全球范围内产生了广泛影响。

“断舍离”就是通过减少不必要的物品和情感依赖，让生活变得更加简单和有序。在这个物质丰富、信息爆炸的时代，我们很容易被各种物品和信息包围，从而感到压抑和束缚。而“断舍离”就是要我们勇敢地舍弃那些不再需要或不适合自己的东西，让生活回归简单和纯粹。

玛丽·孔多就是“断舍离”理念的践行者。她经历过生活的混乱和无序，但后来她发现，通过整理和舍弃，不仅可以让生活环境变得更加整洁和舒适，还可以让内心变得更加宁静和满足。于是，她开始致力于推广这一理念，希望能够帮助更多的人找到生活的平衡和幸福。

在她的指导下，越来越多的人开始尝试对自己的生活进行“断舍离”。他们清理了堆积如山的杂物，丢弃了那些不再穿的衣服和鞋子，整理了混乱的书桌和抽屉……随着这些改变，他们发现自己的生活变得更加有序和高效，内心的焦虑和不安也逐渐减少。

同样值得一提的还有乔安娜·盖恩斯。乔安娜·盖恩斯是一位很有名气的室内设计师和作家，她还有一个特别的称号，那就是“空间整理专家”。她擅长把一些乱糟糟的、不整齐的地方变成一个既简洁又漂亮的空间。她的设计理念就是“去掉多余的东西，只留最好的”。

乔安娜·盖恩斯的设计理念不仅让大家的家变得好看，还让大家的生活变得更轻松、更愉快。她认为，一个简洁的居住环境能让人们的心情变好，做事也更有效率。

这种简约而精致的生活方式不仅改变了人们的家，还让大家开始思考自己的生活。很多人因为跟乔安娜·盖恩斯的建议去做，发现自己的生活变得更有条理，心态也更积极了。

幸福的本质是回归简单的生活

多项研究已经表明，过度的物质消费并不能给我们带来持久的幸福感，反而可能会让我们陷入焦虑和不满。而当我们学会舍弃那些不必要的物质追求时，我们就会发现生活的质量其实在不断提升。我们开始更加注重人际关系的建立与

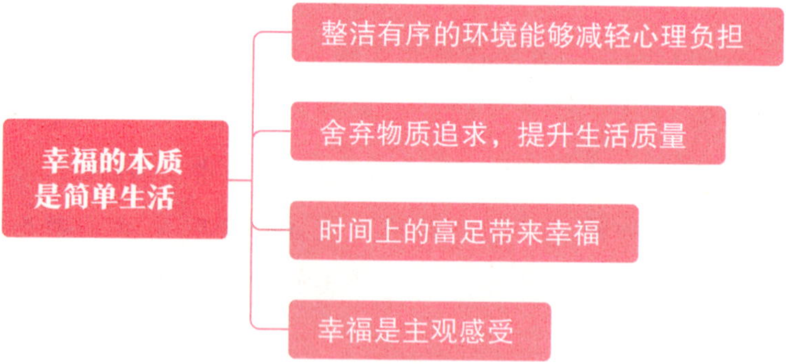

维护、个人成长与体验的投资以及精神层面的追求与满足。这些才是真正能够带给我们幸福感和满足感的源泉。

把时间花在重要的人和事上

幸福其实是一种主观的感受，它无法用科学的方法来精确测量。当物理环境变得整洁有序时，我们的心理负担也会随之减轻。我们不再为那些琐碎的细节而焦虑不安，也不再因为拥有不多而感到恐慌。

美国心理学家蒂姆·凯瑟曾指出：时间上的富足比物质上的富足更能让人感觉到幸福。当我们不再被繁杂的物品束缚时，我们就会拥有更多的时间和精力去关注那些对我们真正重要的人和事。

我们可以在闲暇之余陪伴家人、与朋友交流或者投身于自己热爱的事业之中。这样的生活状态不仅让我们感到更加充实和满足，还能让我们成为真正幸福的人。

在实践“断舍离”的过程中，我们还需要注意避免一些误区。比如，有些人可能会把“断舍离”理解为简单的扔东西，但实际上它更多的是指改变我们的生活方式和思维方式。另外，有些人可能会过于追求极简，以至于忽略了生活的多样性和丰富性。因此，在实践“断舍离”的过程中，我们需要根据自己的实际情况和需求来找到适合自己的平衡点。

减轻心理负担，享受生活

在复杂中追求简单，也是一种生活态度。它意味着我们不愿意被复杂的事情牵绊，而是希望找到生活的真谛，专注于那些对我们真正重要的事物。这种态度可以帮助我们减少很多不必要的烦恼和压力，让我们的生活变得更加轻松、愉快。

工作的压力、人际关系的处理、家庭的责任，还有社会对我们的各种期待，都像无形的枷锁，束缚着我们的心灵。但生活本不应该是这样的，生活应该是自由、轻松、愉快的。如何在复杂中找到简单，如何在重压之下找到喘息的机会，是我们不得不面对的问题。

有时候说“不”是对自己最好的保护

在日常生活中，我们经常会因为不好意思拒绝而答应别人一些自己并不愿意做的事情，这些不必要的承诺不仅占用了我们的时间，还可能让我们心生不满和抱怨。长此以往，这种心理负担会不断积累，最终影响我们的生活质量。因此，学会拒绝，保护自己的时间和精力，是减轻心理负担的重要一步。

生活不仅包括工作和责任，还有很多美好的事情等着我们去体验和感受。比如，一个温暖的午后，一杯香气四溢的茶，一本好书，或者是一场和朋友说走就走的旅行。这些都能给我们带来内心的愉悦和满足，让我们感受到生活的美好。

不是不辞职，是不敢辞职

在快节奏的都市生活中，每个人都在不停地奔波忙碌。尤其是那些身负重任的职场人，他们面临的压力更是常人难以想象的。然而，很多时候，即使压力如山，他们仍然选择继续坚守，不是不想休息，而是不敢辞职。

就像我之前认识的一位女同事，三十多岁的年纪，正是家庭和事业都需要她的时候。她的丈夫也是一名普通的工薪阶层，家庭的经济重担压在他们夫妻二人的肩上。为了生活，他们必须努力工作，以赚取足够的收入来维持家庭的运转。

那段时间，公司的一个重要项目让所有人都忙得团团转。每天加班到深夜，早上还要提前到岗。这样的工作强度对于任何人来说都是一种挑战。而恰巧在这时，这位女同事的孩子生病了。她每天要早起带孩子去医院看病，中午还要赶回公司处理工作，晚上等孩子睡着了之后，她还要熬夜加班。这样的生活状态持续了大半个月，她感觉自己的身心已经达到了承受的极限。

有同事看她实在太辛苦，就劝她请假休息一周。然而，她只是苦笑了一下，然后细数家里的开支：房贷、生活费、孩子的医药费……每一项都是一笔不小的开销。请假不仅意味着收入的减少，还可能给家庭带来更大的经济压力。同时，公司的大项目正处于关键时期，如果她请假一周，很可能会影响项目的进度和自己的职位。

这就是普通人的生活写照。在光鲜亮丽的职场背后，是无数职场人为了生活而付出的沉重代价。他们背负着家庭的重担，还要在职场上拼尽全力，生怕被淘汰出局。这种压力让他们不敢有丝毫松懈和停歇。

在现实生活中，类似的案例还有很多。比如，一位35岁的女法官，因为工作压力过大而选择了自我了结。在她生前，曾多次向家人表达过对工作的绝望，但最终还是没能挺过那段艰难的时光。这样的案例并非个例，许多职场人都面临着巨大的工作压力，为了生计而不得不忍受身心的煎熬。

工作不是生活的全部，要学会爱自己

我们必须认识到，工作并不是生活的全部。尽管我们为了生活而工作，但工作绝不应该成为我们生活的全部内容。我们需要学会平衡工作和生活之间的关系，让工作成为生活的一部分，而不是让生活成为工作的附属品。

如何减轻心理负担

- 减少烦恼和压力，让生活更轻松
- 学会拒绝，保护自己的时间和精力
- 不迎合社会的期望，平衡工作和生活之间的关系
- 学会调整心态，放下不必要的包袱

虽然每个人都在为了生活而努力奔波，然而，我们也应该学会关注自己的身心健康和家庭幸福。有时候，放慢脚步并不是一种退缩，而是为了更好地前进。希望所有的职场人都能够找到平衡工作和生活的方法，让自己在忙碌中找到片刻的宁静和幸福。

学会调整自己的心态

很多时候，心理负担的来源并不是外界的压力，而是我们对自己的期待和要求过高。我们总是希望自己能做到最好，却总是忽略了自己的能力和限制。这种不切实际的期待往往会让我们感到沮丧和失落，从而增加心理负担。要学会接受自己的不完美，我们才能真正放下那些不必要的包袱，轻松地前行。

当然，这并不意味着要放纵自己或者逃避现实。相反，它是一种积极的生活态度，是让我们在忙碌和压力中寻找平衡和智慧。当我们学会在复杂中追求简单、在重压之下寻求放松时，我们就能真正地享受生活，感受它带给我们的幸福和快乐。

真正重要的事物往往隐藏在日常的喧嚣之中。当我们学会放下对完美的执着、学会接受自己的不完美时，就能发现生活中那些被我们忽视的美好。这种心态可以帮助我们减少很多不必要的烦恼和压力，让我们的生活变得更加轻松、愉快。

屏蔽电子干扰，享受“静”生活

我们每大都会被无数的新闻、文章、视频包围。如果我们不加以分辨，很容易就会被这些信息淹没，失去自己的思考。但如果我们能够有意识地选择那些对我们真正有价值的信息，忽略那些无意义的声音，那么我们就可以更加清晰地思考，更加高效地学习和工作。

想象一下，当你想要专心地完成一项工作时，手机突然弹出一条新闻推送，你的目光就会不由自主地被吸引，手指下意识地点击了那条消息。接着，你开始浏览新闻，完全忘记了自己原本要做的工作。这样的场景，相信对很多人来说并不陌生。我们的时间和注意力，就这样在不知不觉中被消耗掉了。

你的手机比你更先“吃饭”吗

更为普遍的现象是，如今朋友聚餐，菜肴上桌后，大家不是先动筷子品尝，而是纷纷掏出手机拍照。在聚餐过程中，不再有欢声笑语、情感交流，而是各自埋头刷手机、看短视频。这种“手机先吃”的现象，不仅让聚餐失去了原本的意义，还不利于人际关系的建立和维护。

更为严重的是，长期暴露在大量无意义的信息中，我们的思维会变得碎片化，难以进行深层次的思考。我们可能会发现自己越来越难以集中精力去读完一本书，或者耐心地解决一个复杂的问题。

智能手机“上瘾”现象引发关注

随着人们对智能手机的依赖性越来越严重，一种被称为“手机瘾”的现象逐渐浮现出来，很多人发现自己或身边的朋友、家人对智能手机产生了一种近乎痴迷的依赖。有些人甚至养成了没事就看一眼手机的习惯，据统计，有的人一天能查看手机多达150次。这种频繁查看手机的行为，已经超出了正常使用手机的范畴，演变成了一种心理依赖。

过度沉迷手机可能会导致严重的心理问题。这些问题包括但不限于焦虑、抑郁、社交障碍等。当手机不在身边、电量耗尽、欠话费或无法连接到网络时，很多人会感到极度不安，这就是所谓的“没手机恐惧症”。

没手机恐惧症

“没手机恐惧症”这个词语源于英国邮政部门的某次调

查。没手机恐惧症的典型症状包括不想关机、总想反复看有没有未接来电或新消息、频繁给手机充电以及去卫生间必须带手机等。

调查数据显示，有53%的英国人在出现上述问题时会感到焦虑。这种焦虑不仅影响了人们的日常生活和工作效率，还可能对身心健康造成长期影响。除了心理问题之外，过度使用手机还可能对身体健康产生不良影响。长时间盯着手机屏幕会导致视力下降、患上颈椎病等问题。同时，夜间使用手机过多还可能影响睡眠质量，进而影响第二天的精神状态和工作效率。

“手机瘾”引发的家庭纷争

手机在给我们带来便利的同时也给我们带来了一些意想不到的问题。近年来，越来越多的老年人也开始沉迷于手机，而这种“手机瘾”正逐渐成为一些家庭矛盾的导火索。

记者经调查发现，很多老年人通过手机重新与旧友取得联系，这本是一件值得高兴的事情。他们在微信上聊天、分享生活的点滴，甚至玩起了年轻人热衷的抢红包游戏。然而，当这种新鲜体验变成了过度依赖时，问题就随之而来了。

赵女士就遇到了这样的烦恼。她的母亲自从三年前开始玩手机后，几乎每时每刻都沉浸在手机的世界里。老人每天都拍摄视频且常常整理到大半夜，严重影响了作息。赵女士心疼母亲的身体，多次提醒她要注意休息，但每次都被母亲以发脾气的方式回应。最近，母亲又迷上了和老朋友们抢红包，手机几乎不离手，甚至在吃饭时也是一边看手机一边吃，这让赵女士感到无奈和担忧。

同样，马先生也面临着类似的困境。他的父亲以前购物都是依赖他，但自从父亲的手机上安装了购物APP之后，老人开始自己网购。每天家里都堆满了各种快递，很多东西都是打折或抢购来的，质量参差不齐。马先生担心父亲买到劣质商品，尤其是食品类的，怕食用后对身体健康有影响。因此他多次劝说父亲谨慎购物，减少玩手机的时间，但父亲总是听不进去。

该如何解决“手机瘾”这个问题呢

首先，我们可以定期清理手机App，卸载那些经常推送无意义信息的软件。同时，也可以设置信息推送的时间段，避免在工作或学习时间被打扰。

其次，在阅读新闻或文章时，我们要学会快速判断其内容和价值，对于那些明显是标题党或者内容空洞的文章，可以选择忽略。同时，我们也要学会利用搜索引擎等工具，主动去寻找那些对自己有价值的信息。

最后，在工作或学习时，我们可以将手机静音或者放在看不到的地方，避免被其打扰。同时，我们也可以选择一个安静的学习空间，或者使用一些专注类的App来帮助自己集中精力。

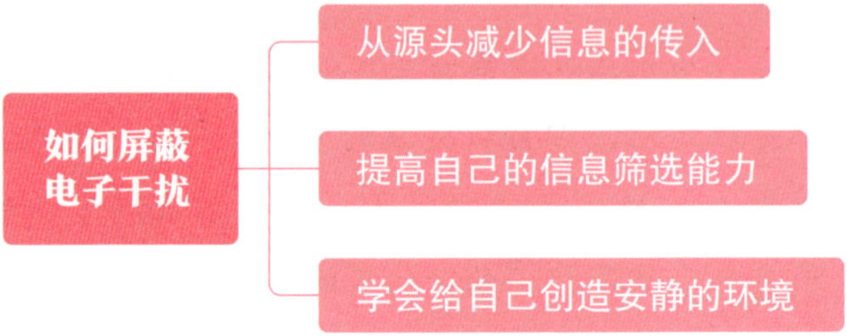

随着时间的推移，我们会发现自己的思维变得更加敏捷，注意力也更加集中了。我们也更加享受那种沉浸在自己的工作或学习中不被外界打扰的感觉。

我们刚开始尝试屏蔽电子干扰时，可能会感到有些不适应，甚至会产生焦虑。毕竟，在这个信息时代，我们似乎已经习惯了随时随地地获取信息的生活方式。但请记住，这种改变是为了让我们的思维更加清晰，让我们的学习和工作更加高效。

想想看，智能手机原本是用来连接世界的，但现在好像变成了把我们和世界分开的一道墙。手机不能成为我们生活的全部，我们要学会适度使用手机。让大家一起行动，把手机放到一边，抬头看看周围，用心听、用心说、用心生活。只有这样，我们才能真正享受到科技带来的方便，同时保持生活的平衡和和谐。

感情好的夫妻，其婚姻一定是极简的

人们常说，婚姻是爱情的坟墓。然而，对于深谙感情之道的人来说，婚姻其实是爱情的升华。这种转变的关键在于秉持“极简生活”的理念。极简不仅体现在外在的生活方式上，还是一种对待婚姻和家庭生活的内在态度。

感情好的夫妻，他们的婚姻一定是极简的。这种极简并不是指他们的生活单调乏味，相反，它代表的是一种高效、有序、和谐的生活方式。在这样的婚姻里，夫妻双方都明白，幸福不是靠物质的堆砌，而是靠心灵的交流和相互理解与支持。

他们不会盲目地追求物质享受，而是更加注重生活的品质和内心的满足。他们宁愿在家中共度一个温馨的夜晚，阅读书籍、交流思想，也不愿追逐外界的繁华与喧嚣。这样的生活方式不仅让他们更加珍惜对方，也会让这段婚姻关系更加稳固。

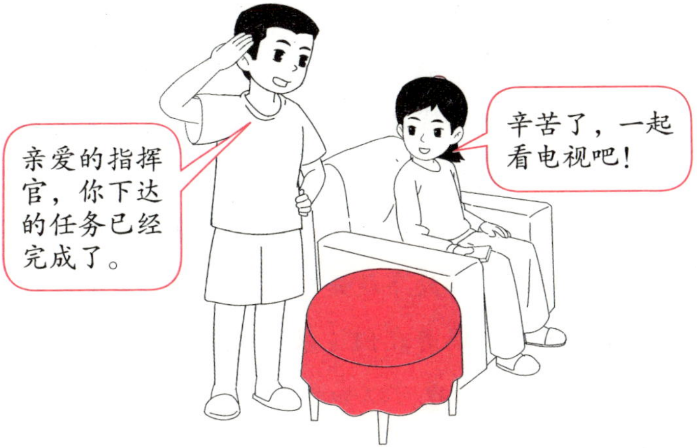

李清照与赵明诚：简单生活的诗意典范

在宋代，有一对夫妻，他们就是被誉为“千古第一才女”的李清照和她的丈夫赵明诚。李清照和赵明诚都出身于书香门第，两家都是当时的贵族，父辈身居高位，家族文化底蕴深厚。

在这样的家庭环境中长大，他们不仅学识渊博，还有着与众不同的气质和修养。虽然家境优渥，但他们并不追求奢华的生活。相反，他们更喜欢简单、有质量的生活。

婚后，他们的生活充满了诗意。两人经常一起读书、写字、画画，还会一起欣赏美丽的自然风光。他们虽然过着朴素的生活，但每一天都充满了快乐和满足。他们并不需要很多物质上的享受，只要两个人能在一起，做自己喜欢的事情，就感到非常幸福。

他们的故事告诉我们，真正的幸福并不在于物质的丰富，而在于精神的富足和心灵的相通。在纷繁复杂的社会中，能够找到与自己志同道合的人，共同追求一种简单而纯粹的生活方式，这无疑是一种难得的幸运。李清照和赵明诚的爱情故事就是对这种幸运的完美诠释。他们的故事不仅激励着我们追求精神上的富足，还让我们明白，简单的生活也可以如此美好。

如何打造简约而不简单的婚姻生活

首先，极简的婚姻意味着双方沟通的直接和高效。在好的感情基础上，夫妻之间无须过多的言语，往往一个眼神就能知道对方的意思。他们不需要拐弯抹角，而是直接表达自己的想法和需求，这样就减少了误解和冲突，让婚姻更加和谐。

其次，极简的婚姻还体现在家务分工上。在这样的家庭中，夫妻双方会根据自己的特长和兴趣来合理分配家务。比如，擅长烹饪的一方可能会负责做饭，而喜欢整理的一方可能负责打扫卫生。这样的分工不仅让家务变得轻松有趣，还增进了夫妻之间的默契和协作。

深厚感情基础上的顺畅与和谐

简约并不代表枯燥和乏味，只是不会盲目地去追求物质享受，而是更注重生活的品质和内心的满足。他们可能更喜欢在家里共度一个温馨的夜晚，看看书、聊聊天儿，而不是去外面花天酒地。这样的生活方式让他们更加珍惜彼此，也让婚姻更加稳固。

此外，极简的婚姻还表现在对待矛盾和问题的态度上。感情好的夫妻，当出现问题时，他们会选择坐下来平静地沟通，而不是通过争吵和冷战来解决问题。他们明白，婚姻是一个长期的过程，需要双方共同努力和维护。因此，他们会

极简婚姻的具体表现

- 直接表达想法和需求
- 家务分工明确且合理
- 生活方式简约而不简单
- 保持开放和包容的心态
- 尊重彼此的家庭背景和传统习俗
- 保持小家庭的独立性和自主性

以开放和包容的心态来面对彼此的不同和缺点，寻求最佳的解决方案。

除以上提到的几个方面外，极简的婚姻还体现在对待双方家庭关系的态度上。感情好的夫妻会尊重彼此的家庭背景和传统习俗，但不会让这些因素干扰到自己的婚姻生活。他们会以平等和尊重的态度来对待彼此的父母和亲人，同时也会保持自己小家庭的独立性和自主性。

不纠缠，女人强大才完美

千百年来，卓文君与司马相如的爱情故事一直被人们传颂，成为流传千古的佳话。卓文君，这位古代的女子，无疑是一个情商高、会说话的女子典范。当年，司马相如的一曲《凤求凰》深情款款，拨动了卓文君的心弦。面对家人的反对和世俗的压力，她毅然放弃了富贵的生活，选择与司马相如私奔，追寻属于他们的幸福。

然而，爱情之路并非总是一帆风顺的。当司马相如功成名就，成为汉武帝的宠臣时，他受到了外界的种种诱惑，竟有了纳妾的念头。这无疑是对卓文君深情的背叛，也是对他们爱情誓言的践踏。

面对丈夫的变心，卓文君展现出了高情商和卓越的说话技巧。她没有像一般女子那样哭闹或自怨自艾，而是选择用一种更为高雅和理智的方式来表达自己的失望和对爱情的坚持。她写下了一首《白头吟》，诗中既回忆了往昔两人爱情的甜蜜，也表达了对司马相如变心的哀怨与指责。她在诗中表达了对爱情忠贞不贰的信念，同时也宣告了她不容侵犯的独立人格和尊严。

卓文君的《白头吟》并非愤怒地发泄，而是充满了情感和理智。她用温柔而有力的话语，让司马相如深刻认识到自己对爱情的执着和坚守。她的诗中透露出一种坚定和决绝，表明自己绝不会在这份感情中失去自我，委曲求全。

卓文君的智慧和勇气，将永远激励着我们追求真爱和坚守简单的自我。最终，司马相如被妻子的深情和才华感动，放弃了纳妾的念头，与卓文君重归于好。所以，让我们放下过多的物质追求，回归生活的本质，珍惜与爱人共度的每一刻，用心去感受和体验生活的美好。在简约而不简单的生活中，找到属于自己的幸福与满足。

第二篇

简约而有力量，极简却不简单

极简主义的生活方式是一种简约而有力的生活哲学。它鼓励我们去除多余的物质和精神的负担，专注于真正重要的人和事，从而让生活变得更简单，但内心世界因聚焦而变得丰富。这种生活方式不仅清理了外在的杂乱，还为内在的成长和思考提供了空间。

清理内心的杂念，保持清晰的思维

我们的内心时常被无数杂念侵扰，如同一台高速运转的机器，难以停歇。这些杂念不仅消耗了我们的精力，还影响了我们的思维清晰度和生活质量。因此，学会清理内心的杂念，保持清晰的思维，就显得尤为重要。

停不下来的杂念是对事实的抗拒

我们或许都有过这样的经历，只要一静下来，各种杂念就会在脑海中翻涌。这些杂念往往围绕着对未来的憧憬或对现实不切实际的幻想，仿佛无法停歇。这种内心的纷乱，用现代词语来描述，就是所谓的“内耗”。长时间的精神内耗不仅让我们感到焦虑，还阻碍了清晰的思维。那么，我们为何不能放下这些杂念，让心灵回归平静、顺其自然呢?

深入探索这些杂念的来源，我们会发现它们其实是大脑对当前现实和真实自我的一种抗拒。换句话说，当大脑无法接受或“臣服”于既有的事实和真实的自己时，它就开始自编自导一出出戏剧，试图通过幻想来改变或逃避现实。

不要被外界的声音迷惑

我们可能会在脑海中听到各种愤恨、不满、责骂和批判的声音。这些声音往往源于对他人的不接纳和评判。当我们觉得某人的行为或性格与我们的期望不符时，我们就会心生愤恨，认为他们“怎么会这样”或“他太愚蠢了”。实际上这是我们内心的评判系统过于单一或自我过于脆弱，无法接纳和融入复杂多样的世界，所以只能通过对抗来宣泄情绪。

我们可能会对未来的不确定性和不可抗力产生抗拒。如：“今天怎么下雨了，以后如果一直这样，我该怎么办？”这种对未来的担忧和对不可控因素的恐惧，其实是我们对自己应对变化能力的不自信。我们需要明白，有些事情是人为无法控制的，未来也不是我们可以完全保障的。我们能做的，就是提升自己从内心到外在世界对各种变化的接纳能力，即使面对生死也能保持淡然的心态。

抛开杂念，接纳真实的自我

我们还可能会幻想自己如果拥有某些特质或条件该多好，比如“如果我再富有一些就好了”“如果我长得像明星一样好看就好了”。这种对自我的不接纳会让我们陷入无尽的幻想，为自己量身定制一个完美的剧本，在其中我们享受着所有的光环和荣耀。然而，这只会让我们更加无法接受真实的自己和生命的平凡。

不过，强迫自己摒弃杂念或臣服于现实是违背人性的做法，它很残忍且难以持久。我们应该以更加柔和、自然的方式来处理和接纳内心的各种杂念。通过觉察、接纳和放下这些杂念，我们可以让心灵重获简单与宁静。

放下执念，你的人生就开挂了

精神内耗让太多的杂念消耗了我们的脑力和精力，使我们无法专注地做对我们更有意义和有价值的事情。那么，我们怎么才能走出这种怪圈呢？下面这些小方法既实用又可行，能够帮助我们更好地管理自己的思维和情绪，提高生活质量和幸福感。

当我们陷入无休止的胡思乱想时，首先要有所觉察。意识到自己的思想正在漫游，是控制杂念的第一步。告诉自己，虽然思绪在飘荡，但我们是自己思维的主人，有能力掌控自己的大脑和思维方式。这种觉察能够帮助我们采取积极的措施来避免无意义的联想和负面情绪。

当身体闲着时，大脑往往也会闲着，从而容易产生杂念。因此，让自己动起来是减少胡思乱想的有效方法。无论是运动、社交还是简单的整理房间等活动，都能让身体和大脑保持活跃的状态，从而减少杂念的产生。

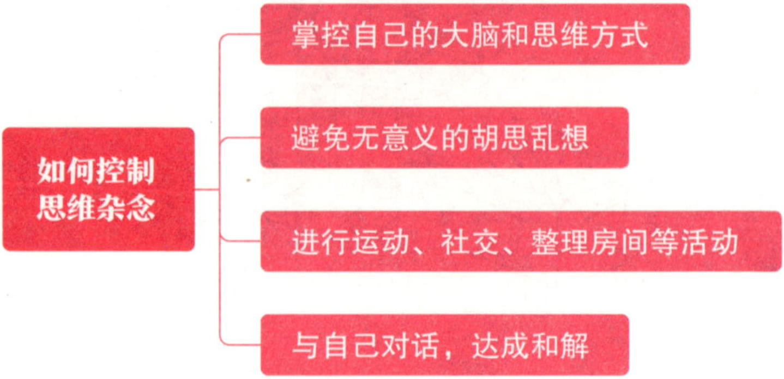

在充满噪声的时代，让自己静下来尤为重要。冥想、正念和写日记等方式都是帮助我们静下心来的好方法。这些活动能够让我们整理思绪、安顿情绪并稳定状态。特别是写日记，通过与自己对话，可以慢慢与自己达成和解，感受到安静的力量。

执念带来的悲剧

在《欲望号街车》中，布兰奇原本出生于一个显赫的家庭，享受着优雅的生活和高尚的社会地位。然而，随着时间的流逝和家庭财富的消散，她失去了这一切，不得不搬到新奥尔良的贫民区，希望能开始新的生活。但是这对布兰奇来说并非易事。

布兰奇到达新奥尔良后，她发现自己难以适应这个与过去截然不同的生活环境。从曾经的辉煌到现实的落魄，这种巨大的转变让她难以接受现状。她的心中充满了对过去的渴望，对现实生活的憎恶，以及深深的不甘和愤怒。她无法理解自己为何会沦落到这种地步，强烈的对比使她感到痛苦和愤怒。

在她试图在新环境中找到立足点的过程中，事实却非她所愿，她和妹妹以及妹夫的关系变得越来越紧张，两人之间的冲突不断升级，这使得布兰奇在新环境中的生活更加困难。

后来，为了找回那失去的爱情与尊重，布兰奇试图吸引斯坦利的朋友米奇。她用自己依然残留的魅力与美丽去努力征服米奇，希望借此逃离这令人厌恶的现实。但好景不长，布兰奇的过去被揭露，米奇得知真相后选择了离开。

布兰奇无法接受现实，无法放下过去，最终精神彻底崩溃。她无法再区分现实与幻想，行为也变得越来越古怪，甚至出现幻觉和妄想。她开始无端攻击周围的人，与家人和朋友的关系日渐疏远。她彻底失去了自我控制，成了一个悲剧人物。

布兰奇的故事深刻地警示我们：过度的执念和杂念会束缚我们的思想，让我们深陷痛苦与挣扎之中。为了追求遥不可及的梦想，我们可能会牺牲健康、快乐和珍贵的人际关系并最终付出惨痛的代价。

因此，学会控制欲望、放下杂念至关重要。这并不意味着放弃梦想，而是要把握分寸，不让执念主导生活。我们应该珍惜现有的一切，以平和的心态面对生活中的挑战。只有这样，我们才能享受当下的美好，迈向健康、快乐的人生。

学会放松，轻松应对压力

工作压力、生活压力、人际关系压力等，这些无形的压力常常让我们感到疲惫不堪。为了更好地应对这些压力，我们需要学会一些有效的情绪调节技巧。其中，冥想和放松技巧为越来越多的人所推崇，它们不仅能帮助我们减轻压力，还能提升我们的生活质量。

某位作家曾经说过：夜深人静时，把心里的伤拿出来，像补衣服一样修修补补。睡一觉醒来，就会满怀信心。不管别人理不理你，或者你比不过别人，你都要静下心来，做自己该做的事。别让烦恼和焦虑消磨你的热情和决心。就算心里再难过，行动上也不能停止。不管发生什么，都要坚持下去，这才是成年人该有的样子。

学会冥想与放松，轻松应对生活压力

冥想是一种古老的修行方式，它能够帮助人们达到一种心灵的宁静状态。在开始练习冥想时，你可以找一个安静的地方坐下，闭上眼睛，深深地吸一口气，然后缓缓地呼出。专注于你的呼吸，感受每一次吸气和呼气。

当你的思绪开始游离时，轻轻地将注意力拉回到呼吸上。这种简单的练习，就是冥想的开始。通过这样的练习，我们不仅是在放松身体，还是在培养一种简单生活的态度，学会减少无谓的思考和物质的累赘，返璞归真，让心灵回归平静。

通过放松练习，减少压力的影响

除了冥想，深呼吸也是一种简单而有效的放松技巧。你可以尝试这样的练习：坐在一把椅子上，双脚平放在地上，双手放在大腿上。慢慢地深吸一口气，从“一”数到“四”，然后慢慢呼出，同样数到“四”。重复这个过程几次，你会发现自己开始感到更加放松和平静。

渐进式肌肉放松（PMR）是另一种有用的放松技巧。这种方法涉及逐步紧张然后放松身体的不同肌肉群。你可以从脚趾开始，逐渐向上至头部。在每个部位保持紧张几秒钟，然后放松。通过这种方式，你可以感受到身体中紧张的部位并有意识地放松它们。

引导想象也是一种流行的放松技巧。在这种练习中，你闭上眼睛，想象一个让你感到平静和快乐的场景，比如一个美丽的海滩或者一片宁静的森林。让自己沉浸在这个场景中，感受它的每一个细节，听声音、闻气味。这样做可以帮你暂时脱离现实中的压力，给自己的心灵一个休息的机会。

当然，除了这些技巧之外，我们还可以通过培养一些兴趣爱好来调节自己的情绪。比如听音乐、画画、做手工等，这些活动不仅可以让我们的心情变得更加愉悦，还能够帮助我们转移注意力，暂时忘记生活中的烦恼和压力。

良好的生活习惯也是简单生活的重要组成部分。保持充足的睡眠、合理的饮食、适量的运动，这些看似简单的生活细节，实际上是我们情绪调节的基石。它们能够帮助我们维持身体健康，提高心理素质和抗压能力。

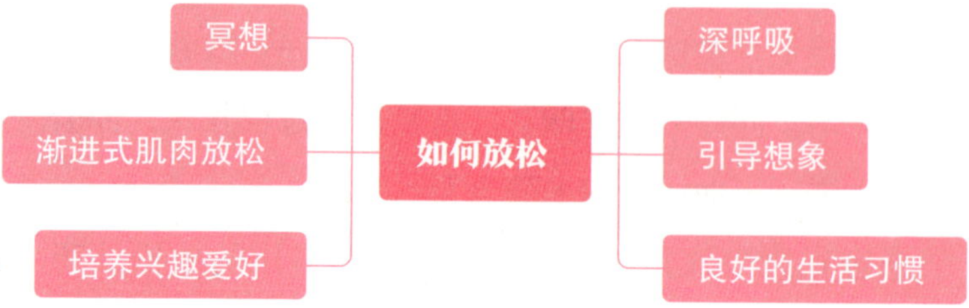

回归生活的本真，从源头减轻压力

然而，要想真正摆脱压力的困扰，我们还需要从生活的源头做起，那就是拥抱简单的生活。简单生活，并不意味着放弃追求和梦想，而是学会在纷繁复杂的世界中，找到生活的本质和重心。它能够让我们摒弃无谓的繁杂和奢华，回归生活的本真和纯粹。

简约，不是简单，而是一种生活的智慧和态度。在简单生活的哲学中，我们可以发现简约的力量。它让我们学会精简和筛选，保留那些生活中真正重要和有价值的东西。无论是物质上的简约，还是精神上的简约，都能让我们更加专注于当下，享受生活的每一个瞬间。

在简单生活的指引下，我们可以更加从容地应对各种压力。因为我们知道，生活的本质不是追求无尽的物质和奢华，而是享受每一个平凡而真实的瞬间。当我们学会用简单和极简的态度去面对生活时，我们就会发现，原来生活也可以如此轻松和美好。

激发内心的“小太阳”

在当今社会中，女性承担着多重角色，压力与日俱增。她们是温柔的妻子、慈爱的母亲、孝顺的女儿，同时还要应对职场挑战。面对重重期待，女性该如何保持内心的光芒和正能量呢？

有人说，父母、丈夫、孩子，每个人都在吸取女性的能量。你感到被周遭亲人的需求压得喘不过气来时，记得给自己补充能量。这并非自私，而是确保你拥有足够的力量去照顾他人。我们学会激发内心的“小太阳”时，就能源源不断地为自己和他人提供温暖和力量。

能量低的人可以试试极简生活

虽然我们经常会感到忙碌而疲惫，却不清楚自己到底忙了些什么。这往往是因为我们把能量和注意力分散在太多琐碎的事情上，而没有集中精力去做真正重要和有意义的事情。

简化生活是一个很好的解决方法。通过去除生活中不必要的物质和精神负担，我们可以更加专注于真正对我们重要的事物上。这样不仅能减少无谓的消耗，还能让我们有更多的时间和精力去进行自我提升和维护亲密关系。

极简生活就是要学会做出选择，把时间和精力放到最有价值的事情上。当我们的生活变得简单时，我们就会发现自己拥有了更多可支配的时间和能量，这会让我们的人生变得更加充实和有意义。

精简心态，别总在自己身上找原因

很多时候，事情的发展并不完全取决于我们的主观努力，而是受到多种因素的影响。因此，我们要学会放平心态，不要苛责自己。这种心态的转变会让我们更加轻松地面对生活中的各种挑战。

只有当我们处于良好状态时，我们才能有效地激励周围的人。低能量往往源自无法看清现实和被负面情绪所困扰，这对解决问题并无帮助。因此，每一位女性都要学会激发自己内心的“小太阳”，培养自己的积极能量。

高质量独处

学会享受独处，沉浸在自己喜欢的活动中，无论是阅读、画画儿还是写作，都是补充能量的好方法。这些活动不仅可以提升我们的技能，还能让我们感受到自我成长的喜悦。

与此同时，我们要学会从生活中的点滴美好中汲取能量，生活中有许多小美好等着我们去发现，一顿美味的早餐、一首动听的歌曲、一场感人的电影，都能为我们的生活带来不同的意义。

每当感到疲惫或焦虑时，我们还可以去户外走走，感受大自然的宁静与和谐。在晨昏交替和晚风轻拂中，找到

内心的平静与安宁。这种与大自然的亲密接触可以让我们感受到生命的蓬勃与活力，也能让我们更加珍惜当下的每一刻。

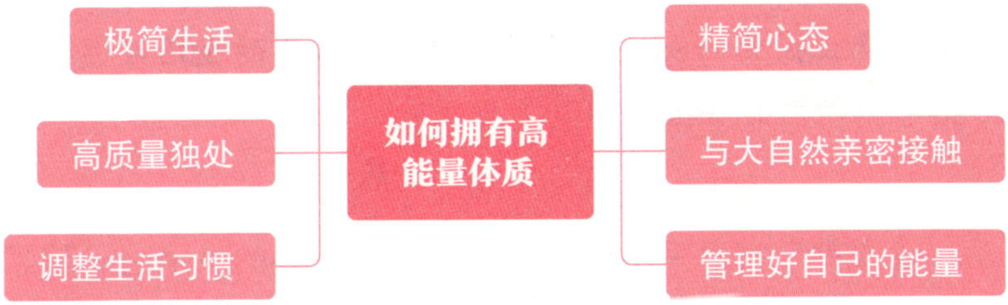

真正厉害的人，都是高能量体质

哈佛商学院期刊记录了一个案例，主角是一位名叫苏珊的会计师事务所合伙人。她每天都忙于工作，时长常常超过十二个小时，生活节奏快得让人喘不过气来。长时间的高强度劳作使她心力交瘁，晚上睡不好觉，甚至在与家人相处时也显得疲惫不堪。

苏珊决定改变这一切，于是她开始重新审视并调整自己的生活习惯。她开始在每天清晨进行锻炼，让身体在一天的开始就充满活力。锻炼结束以后，她会和家人一起享受早餐，这不仅是她补充能量的时刻，还是与家人温馨相处的宝贵时光。无论工作有多忙，她都会找时间走出户外，深呼吸几口新鲜的空气，感受片刻的宁静与自在。

这些看似微不足道的改变给苏珊的生活带来了巨大的转变。仅仅两个月过后，她发现自己的精神状态焕然一新，与家人的关系也变得更加亲密和谐。这个故事告诉我们，管理好自己的能量，才是提升生活质量的关键。真正强大的女性，懂得如何调整自己的生活习惯，培养出“高能量体质”。

就像哲学家尼采所说：“生活中最重要的事情之一就是挖掘和管理自己的能量。”通过养成健康的生活习惯和积极的能量管理，我们可以让生活更加高效有序，充满快乐与满足感。这样的生活，才是我们每个女性都向往和追求的。

同时，我们也要警惕那些消耗能量的事情，保持对生活的热爱和追求。只有这样，我们才能成为真正充满活力和魅力的女性。以下是一些常见的事情，它们可能会让我们的能量越来越低：

沉迷于短视频

当我们总是沉浸在短视频的世界里时，时间仿佛被这些短暂而即时的快乐吞噬。这种看似无害的消遣，实际上让我们错过了许多更真实、更有意义的生活体验。

假装很努力

有些人可能只是在表面上装出努力的样子，但这种虚假的努力无法给我们带来实质性的改变和进步，最终只会让我们陷入自我欺骗的境地，无法真正提升自己的能量和状态。

停止提升自己

在快速变化的时代，不学习、不进步就意味着被时代淘汰。如果我们停止提升自己，不仅无法跟上社会的步伐，而且还难以应对生活中的各种挑战。

空有想法，从不行动

想法是宝贵的财富，但只有当它们被转化为实际行动时，才能产生真正的价值。长期下来，这种只说不做的习惯会让我们变得越来越消极，从而无法面对现实的挑战。

失去兴趣和爱好

当我们失去兴趣和爱好时，生活就会变得单调乏味，缺乏激情和动力。这种状态的持续会让我们的能量逐渐降低，甚至影响我们的心理健康。

习惯性拖延

当我们习惯性地拖延时，就会错过许多重要的机会和时间。这种拖延的习惯不仅会降低我们的工作效率，还会让我们的能量逐渐减弱。

过度依赖舒适区

舒适区是一个让人感到安全和放松的地方，但过度依赖舒适区会让我们失去面对挑战的勇气和能力。我们始终不愿离开舒适区时，就无法接触到更广阔的世界和更多的可能性。

忽视外在形象

虽然内在的品质和能力非常重要，但外在形象也是我们与世界交流的重要方式。当我们不注重自己的仪容和仪表时，就会给人留下不专业、不自信的印象。

在生活的道路上，我们都是旅行者，每一步都承载着梦想和期望。面对种种挑战和困境，我们要学会培养高能量体质，用积极的心态和健康的习惯去迎接每一个日出和日落。请记住：真正的力量来自内心的坚定和自信。让我们用这份力量去照亮前行的道路，成为那个更加坚强、更加充满魅力的自己。

负面情绪管理：不做情绪的奴隶

如果你脾气太大，小事也会为你带来灾祸。所以，如果你能控制得住自己的脾气，那么在大事面前也能淡定应对，一些坏事也会因此变为好事。

小心被“野马效应”牵着鼻子走

在日常生活中，有没有那么一瞬间，一些看似微不足道的小事就能点燃你心中的怒火？如果你发现自己总是因为这些小事而大发雷霆，那你可能已经被“野马效应”悄悄盯上了。

什么是“野马效应”？在草原上，有一种蝙蝠靠吸食动物的血液为生，它们特别喜欢叮咬野马。野马每当被叮咬，就会变得异常暴躁，开始狂奔不止，最终因过度疲劳而死亡。事实上，蝙蝠的叮咬并不会直接导致野马的死亡，野马真正的死因是它们对叮咬的过度反应和无法控制的愤怒。

“野马效应”像是一面镜子，映照出我们在面对小挫折时的模样。多少次，我们因为一些小事而大发雷霆，让负面情绪占据上风，它不仅影响了自己的心情，还可能对周围的人造成伤害。愤怒、焦虑和沮丧等不良情绪，就像是无形的枷锁，束缚着我们的思想和行动。

当我们遇到令人不快的事情时，试着深呼吸、冷静下来，理性地去分析问题的本质，而不是被情绪左右。这样，我们才能更好地掌控自己的生活，享受更多的快乐和自由。记住：真正的力量，不在于你是否发脾气，而在于你能否控制自己的情绪。

我与世界不一样

多数人面对生活中的困难和身体的残疾时，可能会选择退缩，视其为坎坷和不幸。然而，有些人能以不同的视角看待这些困难，将其转化为成长的契机，甚至借此完成了许多人梦寐以求的事业。这些人，他们的坚韧和勇气，不仅改变了自己的命运，而且成了他人的榜样。

力克·胡哲出生时便没有四肢，面临着巨大的生活挑战。然而，他并没有被命运打倒，反而通过自我调整和努力，走出了阴霾，成为一位全球知名的励志演说家。

面对身体的残疾和生活的困难，尼克曾经一度消沉，甚至想要放弃生命。然而，在关键时刻，他选择了勇敢面对，通过调整自己的心态，他可以积极应对生活中的各种挑战。从中我们不仅看到了他的坚韧和毅力，还看到了他对负面情绪的管理能力。

对负面情绪的管理，对于每个人来说都是至关重要的。我们遇到困难时，很容易被各种负面情绪笼罩，这不仅会影响我们的心情，还可能导致我们做出错误的决策。然而，如果我们能够像尼克一样，学会调整自己的情绪，以积极的心态去面对问题，那么我们就能更好地应对生活中的各种挑战。

尼克通过自身的努力，不仅让自己走出了困境，还激励了无数人。他的事迹告诉我们，无论面临何种困难，只要我们拥有坚定的信念和积极的心态，就一定能够战胜困难，实现自己的目标。

解决问题前，先解决情绪

生气是本能，但控制得了脾气才是真本事。用粗暴的言语伤害他人，是一种不可取的行为。我们在生活中常常遇到各种不顺心的事，但这并不是我们发脾气的理由。相反，我们应该学会控制自己的情绪，保持平静和理智，这样才能更好地解决问题。

每个人的情绪和脾气都有所不同。有些人容易生气，有些人则比较温和。了解自己的脾气可以帮助我们更好地掌控自己，避免情绪失控。如果你知道自己容易生气，就要提前想好应对措施，比如深呼吸、数数、暂时走开等。

圣多纳释放法——摆脱负面情绪

所有的情绪背后，其实都隐藏着三个基本的渴望：被认可、控制欲和安全感。当强迫性情绪袭来时，我们需要深入观察，自己有没有过度追求这些欲望？通过理解和释放这些渴望，我们可以触及情绪的核心，从而解开心中的结。

无论是独处还是在与人交往中，我们都需要不断地放下那些对认可的渴求、对控制的执着和对安全的担忧。这样，我们的内心才能逐渐变得轻盈。每一次的情绪释放都会让我们感受到轻松与快乐。如果坚持这一过程，我们就会发现，生活变得更加美好，心情也越发愉悦。

亲爱的，请允许自己不快乐

很多人不允许自己有负面情绪。当消极、失落、不开心等情绪来临时，他们总是第一时间想着摆脱，强迫自己开心起来。但有时候越想摆脱负面情绪，越是深陷其中，因为“不允许自己难受，一定要开心”这个念头本身就是一个执念。而当你在与自己的情绪和念头做对抗时，就是在消耗自己的能量。接纳自己所有的情绪并允许它们存在是重要的一步。下次如果不开心了就告诉自己：“我就是不开心了，但是我允许自己不开心。”

负面情绪管理

- 不被小事激怒
- 保持冷静与理性
- 观察与理解情绪
- 接纳负面情绪
- 减少能量消耗

情绪稳定的妈妈，是家庭幸福的基础

在某部电视剧中，有位妈妈深刻地展示了情绪稳定对于一个家庭的重要性。她是一个情绪稳定、性格温和的母亲和妻子，正是这种稳定性给她的家庭带来了和谐与美满。

在剧中，这位妈妈的儿子因触犯校规而被叫家长，面对老师的指责，她没有慌张和愤怒，而是冷静地了解情况，然后温柔地引导孩子认识自己的错误。这种处理方式不仅让孩子感受到母亲的理解和支持，也维护了家庭的和谐氛围。

当妈妈发现自己的身体健康出现问题时，她选择独自承担，没有将负面情绪传递给家人。她依然保持着稳定的情绪，每天安顿好家里的事情后，再去医院接受检查。她的坚强和乐观像一缕春风，给家庭带来了温暖和希望。

正是因为这位妈妈的情绪稳定，她的家庭才能朝着更好的方向发展。她的儿子虽然学习成绩不好，但在母亲的教育下，逐渐成为一个有责任心、有担当的男子汉。丈夫也始终保持着良好的思想作风，家庭和睦，幸福美满。

某位歌星的例子也进一步印证了这一点。在一次采访中，她说道，曾经因一时情绪失控，与儿子发生了激烈的争吵，结果双方都受到了伤害。这种不稳定的情绪不仅会影响亲子关系，还可能给孩子造成心理阴影。

相比之下，情绪稳定的母亲能够以身作则，教会孩子如何面对生活中的挫折和困难。她们用自己的行动告诉孩子：无论遇到什么事情，都要保持冷静和乐观，用积极的心态去面对和解决问题。这种教育方式不仅有利于孩子的成长和发展，还能让整个家庭更加和谐美满。

不断进步，打造一颗强大的心

只要我们积极地面对生活，多说积极的话，就能更好地应对生活中的困难。当遇到挑战时，我们就把它看成是能让自己变得更强的机会。这样，我们的内心就会变得更强大、更自信，也更平和。

自我实现的预言

心理学上有个很奇妙的概念，叫作“自我实现的预言”。意思是说，我们经常说的话，很可能会成为我们人生的预言。当我们不断地用积极的语言去描述某件事时，我们的内心就会默认这件事是积极可行的，从而在现实中推动它朝着好的方向发展。不要低估相信的力量！要永远相信“凡事发生必有利于我”这句话。

很多时候，我们的话语中隐藏着巨大的能量。当我们常常说出负面的话语，比如“这个太难了”或者“我真的好累”，那么我们的内心也会不自觉地充满负能量，难以接收到外界的阳光和暖意。想象一下，如果我们能换一种方式来表达会怎样呢？比如，把“太难了”变成“问题不大”，这样一说，是不是感觉事情也变得没那么棘手了呢？同样，把“我好累”说成“我需要休息一下”，这样的转变，其实就是在告诉自己：我可以暂时停下来，调整好状态，然后继续前行。

要相信相信的力量

保持高能量其实很简单，就是要相信相信的力量！这意味着，我们要用积极的态度去面对生活中的每一刻，用正面的语言去描述我们的感受和想法。每当遇到挑战，我们不妨告诉自己："这是一个成长的机会。"当疲惫袭来时，我们可以鼓励自己："我需要休息，以便更好地继续前行。"当我们感到焦虑或烦躁时，我们可以尝试转换思维："这是我渴望成功的表现，我要利用这股力量去实现我的目标。"

内心的强大与外在的容貌无关

在人生旅途中，我们会扮演不同的角色，比如作为一名女性，我们可能是女儿、妻子、母亲，甚至是职场上强有力的支撑。在这些角色中，强大的内心是我们最宝贵的财富。它不但能让我们更好地关爱家人，也能帮助我们在职场上更加自信和专业。当一个人的内心变得真正强大时，她的性格会变得温和，态度也会因此变得谦逊。她们不会因为小事

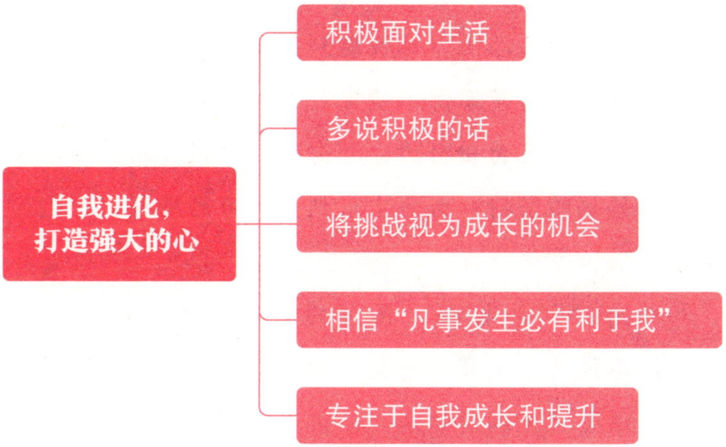

而慌乱，不会因为挫折而失落。她们懂得如何保持内心的宁静，如何在纷扰中保持自己的节奏。

内心强大的人不怕从零开始

41岁的林悦是一个二胎妈妈，她曾经拥有一个看似完美的家庭，但生活总有不如意之事，几年前她和丈夫离婚了。离婚后，林悦面临着前所未有的挑战，她需要独自抚养两个孩子，同时要应对生活中的各种压力。

但她没有选择屈服于命运。林悦决定白手起家，重新开始。她利用自己的烹饪技能，开了一家小小的家庭式烘焙店。起初，生意并不太好，但她凭借着对食材的严格挑选和精湛的烘焙技艺，逐渐赢得了顾客的信任和喜爱。

在创业的道路上，林悦遇到了无数困难。有时是原材料问题，有时是客源不稳定，但她从未想过放弃。她坚信，只要自己付出努力，总会得到回报。而她的孩子们也在妈妈的坚持和努力中看到了学习的榜样，他们学会了坚强和勇敢。

随着时间的推移，林悦的烘焙店生意越来越红火。她不仅还清了离婚时欠下的债务，还为孩子们提供了一个温馨且充满爱的家。林悦用她的经历告诉世人：

内心的强大与年龄、婚姻状况无关。即使在最艰难的时刻，我们只要拥有坚定的信念和不懈的努力，就一定能够重新站起来，书写属于自己的精彩人生。

吸引力法则与能量磁场

内心的平和能让我们的人际关系更加和谐。当用温和、开放的心态去对待他人时，我们自然能吸引更多优秀的人。这其实与吸引力法则密切相关。这个法则很简单：相似的能量会互相吸引。也就是说，当我们的心态积极时，就会吸引更多积极的人和事；反之，负能量则会招致更多的不幸。

每个人都有自己的能量磁场，虽然看不见、摸不着，但它确实存在。

当周围环境充满负能量，而我们又无法迅速改变时，最好的办法就是专注于自己的事情，把宝贵的精力放在自我成长和自我提升上。

生活中，我们难免会遇到一些消耗我们的人和事。但我们可以选择远离它们，或者在心理上与它们保持距离。这样，我们就能保护好自己的正能量磁场，不被外界的负面因素侵扰。

如何保护正能量磁场
- 远离消耗自己的人和事
- 心理上与负面因素保持一定的距离
- 用正能量吸引更多优秀的人

是幸运女神的降临还是内心的觉醒

网友A曾是一个总是觉得自己与幸运无缘的女孩儿。每当在社交媒体上看到别人的精彩生活时，她内心总会涌起一股羡慕与失落。她觉得自己像是被幸运女神遗忘在角落的可怜人，工作平淡无奇，生活也缺乏激情。

每天，她都在忙碌而枯燥的工作中度过，晚上则沉浸在自怨自艾的情绪中。她觉得自己像是陷入了一片沼泽，努力挣扎却无法逃脱。直到有一天，她在网络上遇见了他——一个充满活力和魅力的男生。他的每一条动态都透露出对生活的热爱和对未来的憧憬。他的文字像是温暖的阳光，照亮了网友A灰暗的世界。

两人开始频繁地交流，他成了网友A的知心朋友。他敏锐地察觉到网友A内心的挣扎，于是决定用自己的力量去点亮她的内心世界。他鼓励网友A要勇敢面对生活中的挑战，不要让自己被负面情绪束缚。他分享了自己的成长经历和职场心得，让网友A感受到了前所未有的启发。

在他的鼓励和引导下，网友A开始尝试改变自己。她学会了制订计划，从而高效地完成工作任务，还培养了一些新的兴趣爱好。从此，她的生活变得丰富起来，内心变得更加充实和满足。

渐渐地，网友A发现自己的运气似乎也在慢慢转变。她在工作中展现出了出色的能力，得到了上司的认可和赏识。终于有一天，她收到了升职加薪的通知，这让她欣喜若狂。

当她把这个好消息告诉他时，他也为她感到高兴。两人虽然相隔千里，但此刻他们的心紧紧相连。网友A终于明白，幸运并不是遥不可及的幻想，而是要靠自己去努力争取的。

从那以后，网友A像是获得了新生。她的脸上总是洋溢着笑容，生活也变得越来越精彩。她感激那个曾经点亮她世界的他，也感激自己勇敢迈出的每一步。

如果人生是一场漫长的修行，那么内心的强大是这场修行中最宝贵的财富。当我们学会用积极的心态去面对生活、用坚定的信念去克服困难、用温和的态度去待人接物时，我们便能在纷繁复杂的世界中保持一颗纯净的心。正如古人所言："心静则清，心清则明。"只有内心强大，我们才能在生活中游刃有余，从容不迫地面对一切挑战。让我们共同努力，修炼一颗强大的内心，去创造更加精彩、更加美好的人生吧！

思考瘦身，轻松决策，人生更自在

生活中总会有一些复杂的问题和挑战需要我们去面对和解决。但在面对这些问题时，如果我们能够用简单的思维去分析、去处理，那么我们就可以更加迅速地找到问题的关键所在，从而更加有效地解决问题。

简单思考，用行动战胜焦虑

其实，生活中大部分事情不需要我们过度去琢磨。真正需要我们深思的，可能只占很小一部分。而且，有些事情，即使我们想了很久，也不一定能找到答案，即使找到了答案，也不一定能改变什么。所以，过度思考，很多时候只是在浪费我们的时间和精力。

想象一下，你正在超市购物，面前是琳琅满目的商品。如果你没有一个明确的购物清单，很容易就被各种各样的选择所迷惑，最后可能买了很多并不需要的东西。但是，如果你提前列好了购物清单，只关注自己真正需要的东西，那么购物就会变得简单而高效。

同样的道理，我们面对生活中的各种问题时，也需要有一个“购物清单”——我们的目标和原则。只有明确了这些，我们才能在复杂的环境中迅速做出决策，不至于迷失方向。

回到现实中，专注于眼前的事物

很多时候，问题看似复杂，但其实只要我们能够找到那个最关键的点，它就能够迎刃而解。比如在工作中，我们可能会遇到各种各样的问题和挑战，但如果我们能够准确地识别出问题的核心，那么解决起来就会达到事半功倍的效果。

有时候，我们之所以觉得决策困难，是因为我们把问题想得太复杂了。其实，很多事情并没有我们想象的那么复杂。只要我们能够简化流程，把复杂的问题分解成若干简单小问题，那么解决起来就会变得更加容易。

我们的思维很容易受到过去经验和固有观念的影响，这些就像是我们背上的包袱，让我们在思考问题时变得沉重。因此，我们要学会放下包袱，以更加开放的心态去面对问题。这样，我们的思维就会变得更加灵活，决策也会变得更加轻松。

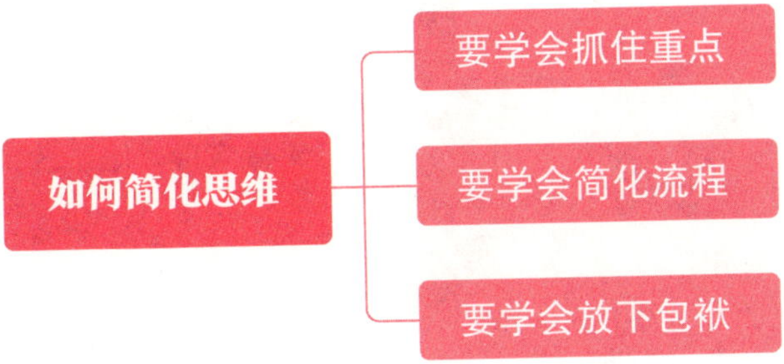

用行动战胜焦虑

我们要简化自己的思考过程，不要让太多的杂念干扰自己。这样，我们才能更好地理解问题的本质，找到最直接、最有效的解决方法。同时，我们要学会用实际行动来战胜焦虑，不要让担忧和害怕束缚我们的手脚。

比如，我们想要实现一个目标时，就要专注于这个目标，一步一步地去做，不要被其他的事情影响。只有这样，我们的专注力才会更强，行动力也会更足，成功的可能性自然就会增加。

而且，我们还需要记住一句话："别把事情搞复杂，记住你原来要做的事。"这是告诉我们，在处理问题和工作时，要保持清晰的思维，不要让事情变得过于复杂化。我们要时刻提醒自己，保持目标和任务的一致性，不要让琐碎的事情干扰我们的思考方向。

简化问题，找到问题的核心

埃隆·马斯克在处理特斯拉电动汽车电池成本问题时，就展现出了将复杂问题简单化的思维方式。传统上，电池被认为是电动车生产中昂贵的部分之一，而大多数人能接受这一事实，并试图通过改进技术来逐步降低成本。但马斯克采取了不同的策略，他回归到电池的基本组成部分——原材料上。

他思考的是，如果能够直接购买这些原材料，然后自己制造电池，或许能大幅降低电池的成本。这种思维方式打破了行业常规，直接指向问题的核心——成本。通过购买原材料并利用新的生产技术，特斯拉电动汽车公司成功降低了电池的制造成本，推动了电动汽车的普及。

放下助人情结，过自己的生活就好

在许多情况下，我们之所以感到心灵上的疲惫，往往是因为过度涉入了别人的生活，承担了太多原本不属于我们的压力。我们必须明确一点，首要的任务是照顾好自己，让自己的生活保持简单，这才是最明智的选择。

很多时候，我们看到别人遇到困难，就会忍不住想上去帮忙。这种情感是人类天性中最美好和最值得称赞的部分，它体现了人们之间的互助与团结。但你知道吗，这不仅是帮个忙那么简单，当我们决定去帮助别人时，其实就意味着我们要跟他们一起承担那些压力和困难。

因此，一个真正有智慧的人，在认识到这种情感的同时，也会懂得适当地保持距离。我们应该学会拒绝那些不属于我们的责任和压力，不要让它们进入我们的生活。只有这样，我们才能真正照顾好自己，让生活变得更加轻松和愉快。只有自己过得好了，才能更好地给周围的人带去正能量。

简单来说，就是先照顾好自己，再去考虑怎么帮助别人。这并不是要我们变得冷漠无情，对周遭的一切视而不见。相反，这是一种智慧的体现，它教会我们如何在关爱他人与保护自己之间找到一个平衡点。

生活中，我们总会遇到各种各样需要帮助的情况，有时候，伸出援手确实能够给我们带来温暖和正能量。但是，如果让我们以牺牲自己的幸福和健康为代价，那么，这样的帮助就不再是一种美德，而变成了一种负担。

被打破的平静

这是关于一位心地善良的网友的故事，她因为过于信任和帮助朋友，最终让自己的生活陷入了困境。这位网友是个心地善良的人，她有一位朋友，两人的关系一直不错。有一天，这位朋友突然找到她，说自己的孩子在国外上学，急需一笔学费，但自己手头紧，希望网友能帮她贷款，并愿意提供担保。

网友听了有些犹豫，毕竟贷款不是小事，而且还需要自己提供担保。但是，想到这位朋友的孩子在国外求学不易，她还是心软了，最终答应了朋友的请求。她以自己的名义为朋友贷了款，帮朋友解了燃眉之急。

然而，不久后这位朋友又以各种困难为由，再次向网友借钱。网友虽然有些为难，但还是出于善意，再次以担保的方式帮助了她。她以为自己这样做是在帮助朋友渡过难关，没想到这是使自己的生活陷入困境的开始。

原来，这位朋友并没有如期还款，甚至还失联了。这下子，所有的债务都落到网友的身上了。她接到了大量的催债电话，甚至还被告上了法庭。为了偿还这笔巨额债务，她不得不打多份工，每天起早贪黑地工作，生活变得异常艰辛。

原本平静的生活就因为这笔债务而变得一团糟。网友的精神压力巨大，每天都生活在焦虑和恐惧之中。现在，她不仅要面对生活的重重压力，还要承受精神上的巨大折磨。

善良和同情是人类美好的品质，但我们要学会保护自己，避免因为过度帮助他人而让自己的生活陷入困境。在伸出援手之前，我们一定要先考虑自己的实际情况和承受能力。

学会说“不”

我们要搞清楚“能提供的帮助”和“力所不能及的帮忙”。这需要我们对自己有清醒的认识，明白自己的能力。当我们发现有些事情超出了自己的掌控，或者对我们的身心健康造成威胁时，要勇敢地说“不”，这才是对自己负责。只有这样，我们才能避免陷入无尽付出的循环中，才能把更多时间和精力放在自己的成长和幸福生活上。

让生活变得简单美好，就是改变生活方式，让它变得更加轻松愉快。这样做的好处是：我们不再追求外面世界的赞扬和认可，而是追求自己内心的平静和满足。很多时候，我们之所以难以放下助人情结，是因为担心失去他人的好感。

但真正的幸福来自我们内心的富足，而非他人的评价。当我们开始关注自己的内心需求，学会说“不”时，就会发现生活可以变得更轻松、更自在。

别让自己的生活因为他人而陷入麻烦

小赵是一个心思单纯、生活简单的女孩儿，她的日常生活就是从公司到家里，再从家里到公司，日复一日。日子虽然单调，但充满了家的温馨和工作的满足感。然而，正是她的一位名为小梅的朋友，给她的平静生活带来了一丝波澜。

小梅是个典型的“麻烦制造者”，她总是因为一些琐碎的小事不断地向小赵寻求帮助。这些事情包括但不限于挑选衣服、选择护肤品等。作为朋友，偶尔为对方提供一些建议和意见本在情理之中，甚至可以说是一种友情的体现。然而，小梅的行为远远超出了这个范畴。

她经常在没有明确想法的情况下就要求小赵为她做出选择，甚至还要在网上一件件地为她挑选衣服，这些虽然看似是小事，实际上耗费了小赵大量的时间和精力。往往在帮助小梅选定物品后，时间已经不早了，小赵的私人时间也被大大压缩。

更令人惊讶的是，小梅甚至要求小赵帮她挑选男朋友。这使得小赵感到非常为难，因为每个人的感情都是独一无二的，怎么可能由别人来代替选择呢？这根本就不是在帮小梅寻找真爱，而是在替她做出决定，这显然是不合适的。

小赵逐渐意识到，她过于热情地帮助小梅，实际上让自己的生活变得复杂和烦琐。她明白，虽然自己不希望看到朋友饱受困扰，但也不能因此就无限度地牺牲自己的时间和精力。毕竟，每个人都有自己的生活轨迹和责任，不能因为自己一时的热心就去干涉别人的生活，更不能让自己的善意成为自己的负担。

放下助人情结，让自己的生活变得简单美好

在帮助他人的过程中，我们常常会过度担心他人的需求和感受，以至于忽略了自身的需求和幸福。要想让自己的生

活简单、美好，我们需要学会放下这种助人情结，让自己回归到简单与宁静的生活之中。

帮助他人是一件好事，但不要替他们做决定，否则，可能会让他们产生依赖心理，从而失去独立思考和解决问题的能力。我们要学会在适当的时候给予帮助，同时要让他们学会自己面对困难。只有这样，他们才能真正成长，变得更加坚强和独立。

第三篇

时间管理与效率提升

在如今快节奏的时代，每个人都被时间追赶着前进。对于女性而言，除了事业之外，还需要兼顾家庭和个人生活，时间管理和效率提升就显得尤为重要。而那些简单的女人，往往在时间管理上有着独特的智慧，她们懂得化繁为简，将时间和精力集中在真正重要的事情上，从而活得更加从容和精彩。

早起一小时，聪明女人的高级自律

“早睡早起身体好。”这句从小听到大的话，似乎在快节奏的现代生活中越来越难以实现。加班、熬夜、追剧……种种诱惑让我们一次次地推迟了睡眠时间。然而，你是否想过，每天早起一个小时，就能拥有更多的时间去实现自我提升、追求梦想。

早起，是“笨女人”变聪明的开始。在人际交往中，那些看似笨拙的女人，往往更容易获得幸福。她们不追求复杂的人际关系，也不费尽心思去讨好任何人，而是把时间和精力花在让自己变得更好、更充实的事情上。而早起就是“笨女人”变聪明的开始，也是一种极简而高效的时间管理方式。

很多人觉得，早起意味着牺牲睡眠时间，会让人更加疲惫。但事实上，早起可以让你拥有更多可支配的时间，从而提高效率、改善生活状态，让你在一天的开始时就充满活力和掌控感。

试想一下，当你还在睡梦中时，早起的人就已经完成了晨练、享用了美味的早餐，甚至已经开始了一天的工作或学习。他们的一天比你多出了至少两个小时，这些时间可以用来阅读、学习、健身、冥想，做任何自己想做的事情。这些活动可以帮助你更好地唤醒身心，开启元气满满的一天。

从晚睡星人到时间管理大师：一位精致女性的蜕变

“你看上去状态很好哇，一点儿都不累的样子。”每当听到这样的夸奖，安娜总会笑着回应，暗自庆幸自己终于摆脱了“晚睡星人”的称号，成功晋级为“时间管理大师”。

你可能会问：是什么让安娜发生了如此巨大的转变？答案很简单：早起。

曾经她也是“夜行动物”中的一员。每天晚上都要熬到深夜才肯睡觉，第二天早上又挣扎着起床，顶着两个黑眼圈开始浑浑噩噩的一天。

以前的她，总是把“最后期限”当作第一生产力，不到最后一刻绝不动工，结果不仅工作效率不高，还总是加班熬夜。

现在，她每天会早起一个小时，清晨的时光是如此的静谧美好，她可以静下心来读书、学习，或是做一顿精致的早餐，开启元气满满的一天。

曾经，安娜也以为时间总是碎片化的。但当她一开始早起，她就拥有了完整的时间。她可以利用这段安静的时间来处理工作。没有了外界的干扰，思路变得清晰起来，工作效率大大提高。

充足的睡眠让安娜不再焦虑易怒，以前总是因为一点儿小事就和同事、朋友发生争吵，现在她学会了用更平和的心态去面对问题，人际关系变得和谐。

早起，让你拥有更多的时间

清晨的时间总是格外宝贵，没有工作的打扰、没有信息的轰炸，你可以静下心来，做一些自己想做的事情。你可以阅读图书，学习知识和开阔眼界；可以学习一门外语，为未来的发展增添筹码；可以进行晨练，保持身体健康和活力……

早起，提升你的工作效率

研究表明，早起的人往往拥有更高的工作效率。因为在安静的早晨，大脑思维更加清晰，注意力更加集中，更容易进入高效的工作状态。

早起，让你更加自律

早起需要克服惰性，还需要坚持不懈，这本身就是一种强大的自律。而自律是一个人成功的关键因素。当你能够掌控自己的时间时，你就能够掌控自己的人生。

早起，让你拥有更健康的生活方式

早睡早起，是符合人体生物钟的健康的生活方式。充足的睡眠和规律的作息能够提高人体免疫力，改善精神状态，让你拥有更加健康的身体和更加积极的心态。

早起带来的好处远不止于此。研究表明，早起的人更容易保持积极乐观的心态，工作效率更高，也更容易实现目标。因为他们在清晨的宁静中可以更好地专注于思考问题、制订计划，从而更好地掌控自己的人生。

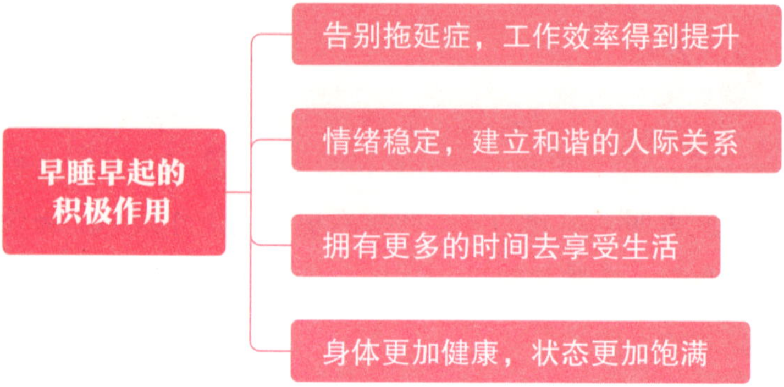

当然，早起并不意味着你要每天四五点就起床，而是要找到适合自己的生物钟，并养成规律的作息。你可以尝试逐渐提前起床时间，从每天早15分钟开始，慢慢适应早起的节奏。

越简单的女人越懂得时间管理的重要性，越懂得自律的价值。早起，看似只是一个小小的改变，却能够给我们带来巨大的收获。尝试早起一个小时，你会发现，一个全新的自己正在向你招手。

越简单的女人越聪明，而早起就是一种“高级的简单”。它不需要你花费金钱，也不需要你绞尽脑汁，只需要你一点点地慢慢改变，就能撬动更美好的人生。

“笨女人”的聪明在于她们懂得化繁为简，把时间和精力投入真正重要的事情上。她们不会被外界的喧嚣和浮躁影响，而是始终保持着清醒的头脑和独立的思考。而早起，就是这种生活智慧的体现。它帮助我们摆脱了拖延和懒惰，以更加积极主动的状态去迎接每一天的挑战。

从今天开始，让我们一起加入早起的行列，用清晨的宝贵时间，去遇见更美好的自己吧！想象一下，当清晨的第一缕阳光洒进房间时，你已经开始了充实而有意义的一天，而别人还在睡梦中，这是多么令人愉悦和充满成就感的事情啊！

锁定生活重心，活出聪明女人的优雅

很多时候，我们疲于奔命，却感觉不到真正的快乐和成就感，很大一部分原因是我们的精力被太多琐碎的事情分散了。每天被各种待办事项追赶，微信消息响个不停，朋友圈充斥着各种“成功学”的焦虑……这些无形的压力让我们迷失在生活的洪流中，找不到自己的方向。

在现代社会中，女性角色越发多元，我们被赋予了更多责任与期待，常常被各种角色和期待裹挟：你是职场精英、贤妻良母、时尚达人……因此更容易感到迷茫和焦虑。

可惜，时间和精力有限，我们无法面面俱到。与其在焦虑中疲于奔命，不如学会做减法，锁定生活的重心，明确目标的优先级，从而活出属于自己的精彩。

认清自我，找到你的“重中之重”

由于每个人的价值观和追求不同，生活的重心也应该是独一无二的。有人视家庭为港湾，有人追求事业的巅峰，有人则热爱探索未知的世界。

问问自己

- 目前你生活中最重要的是什么？是家庭、事业、个人成长，还是其他的？
- 哪些事情是真正能够让你感到快乐和充实的？
- 哪些事情是你不得不做，但可以尝试用更有效率的方式去完成的？

通过思考这些问题，我们可以逐渐明确自己的生活重心，并制订相应的行动计划。

也许是陪伴孩子成长，也许是实现职业理想，也许是保持内心的平静和自由。认清自我，才能找到你愿意为之倾注所有热情的“重中之重”。

明确目标的优先级，为你的生活导航

没有目标的人生，就像航行在大海上的孤舟，迷失了方向。明确了生活的重心后，就要为它设定清晰的目标，指引你前进的方向。

想要事业有成，那就得制订一份详细的职业规划，一步一个脚印去实现。

想要家庭幸福？那就要用心经营亲密关系，营造温馨和谐的家庭氛围。目标明确，才能让你的人生不再迷茫，每一步都走得坚定而从容。

下一步就是根据重要性和紧急程度，对目标进行排序，并制订合理的计划。例如，我们可以利用艾森豪威尔法则，将待办事项分为四个象限：

1. 重要且紧急；
2. 重要但不紧急；
3. 不重要但紧急；
4. 不重要也不紧急。

优先处理重要且紧急的事情，并尽可能将更多的时间和精力分配到重要但不紧急的事情上，这样才能从根本上提升效率，避免陷入“救火队员”的恶性循环。

时间管理，让效率成为你的武器

时间是最宝贵的财富，学会管理时间，才能让生活过得游刃有余。

尝试使用一些时间管理工具，比如番茄工作法、二八原则等，帮助你提高办事效率，将时间和精力集中在最重要的事情上。

学会拒绝不必要的社交和无意义的忙碌，将更多的时间留给你生活的重心，才能活出从容优雅的姿态。

被琐碎淹没，是迷失自我的开始

物质极简，精神才能丰盈。定期清理家中不需要的物品，舍弃那些华而不实的装饰品，你会发现，简单的生活反而更能带来平静和喜悦。

在这个信息爆炸的时代，也要学会为精神做减法。减少刷手机的时间，远离那些让你焦虑和不安的信息，将注意力集中在那些真正有价值的人和事上，你的内心才会更加充盈和满足。

一位女士锁定生活重心的故事

35岁的郑女士曾是典型的“多面手”，工作上力求完美，生活中事无巨细，然而，繁忙的日常让她感到迷茫和焦虑。一次偶然的机会，她接触到了时间管理与效率提升的概念，这让她开始反思自己生活的优先级。

“我好像一直在做加法，却忘记了什么才是最重要的。”郑女士意识到，自己就像一辆超载的汽车，疲惫不堪却效率低下。她开始学习如何简化生活，将时间和精力集中在真正重要的事情上。

首先，她重新审视了自己的目标，将那些“应该做”的事情剔除掉，只保留那些“真正想要”的目标。这个过程并不容易，需要勇气和决心，但最终，她明确了自己的方向：专注于职业发展和个人兴趣，同时兼顾家庭责任。

接下来，她开始学习时间管理的技巧，利用番茄工作法提高工作效率，并借助手机App记录日常安排，避免浪费时间。她还尝试将一些家务分配给家人，给自己留出更多独处和充电的时间。

渐渐地，郑女士的生活发生了改变。她不再被琐事淹没，工作也更加高效，还有了更多时间来陪伴家人和发展兴趣爱好。她开始学习摄影，周末带着孩子去郊外采风，记录下生活中的美好瞬间。

“我现在的生活更简单，也更快乐，”郑女士说，“我终于明白，越简单的女人越聪明，因为她们懂得如何掌控自己的生活，将时间和精力分配到真正重要的事情上。”

这个故事告诉我们，时间管理与效率提升并非冷冰冰的技巧，而是帮助我们实现自我、获得幸福的工具。对于女性而言，学会简化生活、锁定重心，才能在纷繁复杂的世界中活出精彩的自我。

简单生活不等于放弃追求

学会简单生活，专注于真正重要的事情，是每个女性都应该掌握的智慧。当你不再被琐碎的事物所累，拥有更多的

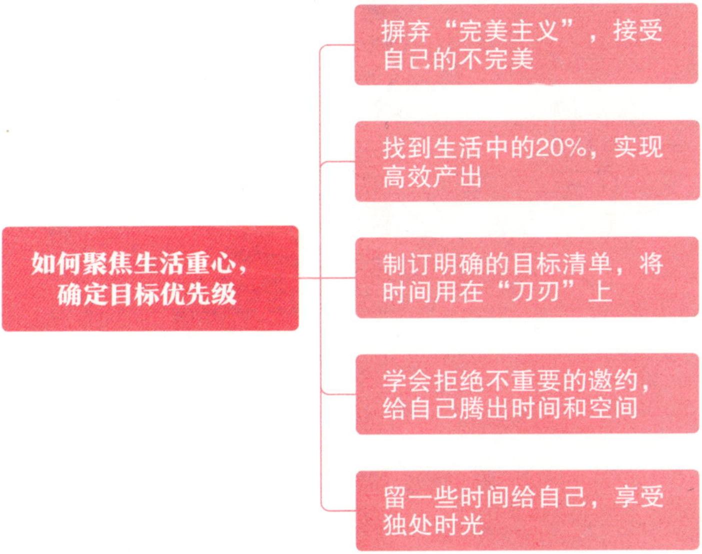

时间和精力去追求自己的梦想时，你自然会散发出自信迷人的光芒。

锁定生活重心，过简单的生活，并不意味着我们要放弃所有的爱好和追求，而是要学会在有限的时间和精力内，做出更明智的选择。

专注于那些真正让你感到快乐和充实的事情，并为之付出努力，你才能收获更持久的幸福感和成就感。记住，越简单，越高级。愿我们都能活出属于自己的精彩人生！

跟拖延症说拜拜，变身行动派

现代女性身兼数职，既要追求事业的成功，又要兼顾家庭生活，还要保持个人成长，时间和精力都被无限压缩。想要优雅地应对生活中的各种挑战，就必须学会摆脱拖延症的束缚，高效利用时间，成为掌控自己生活的聪明女人。

“哎呀，明天再做吧！”“等一下，先玩会儿手机！”“明天再说吧，今天太累了。”亲爱的你，是不是经常把这些话挂在嘴边？你是否发现，这些拖延的小习惯正在不知不觉中偷走你的时间，让你离目标越来越远。

总是把事情拖到最后一刻才行动，结果就是陷入焦虑和疲惫的恶性循环之中。

其实，每个女人心中都住着一个简单高效的自己，她们渴望摆脱拖延症的束缚，活出自信闪耀的人生。

拖延症正在悄悄偷走你的幸福

你有没有想过，拖延症究竟是如何让你一步步陷入困境的？

首先，拖延症让你效率低下，浪费宝贵的时间。想象一下，本来可以早早完成的工作，却因为你的拖延，不得不熬夜赶工，结果不仅影响了睡眠质量，还降低了工作效率。长此以往，你的工作效率只会越来越低，从而陷入恶性循环之中。

其次，拖延症让你压力倍增，焦虑不安。每当你意识到自己还有很多事情没有做时，就会感到焦虑不安，这种负面情绪会像滚雪球一样越滚越大，最终让你不堪重负。

拖延症产生的原因

- **任务过于复杂**：当一项任务看起来过于庞大、复杂时，我们的大脑就会自动开启“逃避”模式。
- **完美主义陷阱**：过高的期望和标准，反而会让我们害怕失败，迟迟不敢行动。
- **情绪的影响**：压力、焦虑、恐惧……当我们沉浸在这些负面情绪中时，往往会缺乏动力，只想逃避现实。
- **缺乏目标和计划**：没有明确的目标和计划，就无法集中精力完成真正重要的事情。
- **害怕成功**：因为成功意味着更高的期望和责任，也意味着要走出舒适区，迎接新的挑战。

更重要的是，拖延症会让你错失机会，与梦想渐行渐远。也许你曾经有一个美好的梦想，却因为你的拖延，迟迟没有付诸行动，最终只能眼睁睁地看着机会从眼前溜走，留下无尽的遗憾。

被拖延症毁掉的旅行

旅行，当然是说走就走才够潇洒！曾经的小宋，也是这样认为的。作为一名资深拖延症患者，每次旅行，小宋都没有做攻略的习惯。

直到一场“说走就走”的泰国之旅后，彻底改变了他的想法。出发前，朋友再三叮嘱小宋做好攻略，小宋却满不在乎地说：“怕什么，到时候跟着感觉走就好啦！”

然而，现实很快就给了小宋一记响亮的耳光。

首先是签证问题，小宋直到出发前一周才想起来办理，结果因为时间太赶，只能支付高昂的加急费用。到了泰国，语言不通成了最大的障碍，小宋连问路都费劲，更别提体验当地文化了。

因为没有提前预订酒店，小宋和朋友到达目的地时已经是晚上，他们拖着疲惫的身体找了半天才找到一家价格昂贵、环境糟糕的旅馆。

然而更糟糕的是，由于对当地情况一无所知，他们轻信了路边“热情”的出租车司机，结果被狠狠地宰了一笔。一路上，他们不仅错过了许多著名的景点，还浪费了大量时间在寻找路线、讨价还价上。原本期待中的放松之旅，变成了一场充满焦虑和挫折的噩梦。

直到这时，小宋才意识到，不做攻略的说走就走，不过是自欺欺人，最终只会让旅行变成“花钱买罪受”。

旅行的意义在于放松身心，感受不同的风土人情，而这一切都需要提前做好准备。从那以后，小宋痛定思痛，决心改掉拖延的坏毛病，并准备在下一次旅行前认真做好旅行攻略。

高效的人生旅程始于克服拖延症，成为一个聪明的旅行者，才能真正乐享旅程中的每一刻。

识别拖延陷阱，拒绝诱惑

很多时候，我们拖延并不是因为懒惰，而是掉进了“诱惑的陷阱”。例如，想要学习，却被手机里的精彩内容吸引；想要工作，却被社交媒体上的各种信息打断。

想要摆脱拖延症，首先要学会识别这些“诱惑陷阱”，并有意识地远离它们。尝试把手机放在远离工作和学习的地方，设置专注模式，屏蔽那些让你分心的应用和网站。

从现在开始，和拖延症说拜拜

那么，如何才能跟拖延症说拜拜，做一个行动派，拥有更高效、更轻松的人生呢？你需要掌握以下几个秘诀：

1. 找到拖延的根源，对症下药。你是害怕失败，还是缺乏自信？只有找到拖延背后的真正原因，才能从根本上解决问题。

2. 制订明确的目标，并将大目标拆解成若干小目标。清晰的目标能够指引你前进，而将大目标拆解成一个个容易实现的小目标，则可以降低你的畏难情绪，让你更有动力去行动。

3. 从最简单的事情开始做起，避免陷入完美主义的陷阱。不要追求完美，先完成再完美，行动起来才能打破拖延的魔咒。

4. 给自己创造一个专注的环境，远离干扰源。关掉手机、关闭无关网页，在安静的环境下工作，可以帮助你集中注意力，提高工作效率。

5. 学会拒绝不合理的要求，把时间留给真正重要的事情。不要害怕拒绝别人，学会说“不”，才能更好地保证将自己的时间和精力用于做重要的事情。

6. 奖励自己的每一次进步，保持积极向上的心态。每当你完成一个小目标或者取得一些小进步，不要忘记给自己一些奖励，这可以让你更有动力坚持下去。

拖延症并非不可克服的难题，真正令人担忧的是我们明知它会偷走我们的时间、增加我们的压力，却依然无动于衷。为了缓解焦虑的情绪，获得内心的平静，我们应该立即采取行动，不要再让拖延症影响我们的生活。

生活已经如此复杂，何必再让拖延症为难自己？从现在开始，跟拖延症说拜拜，用行动去拥抱更加美好的未来吧！越简单，越专注，我们越能活出自己的精彩！

轻生活法则：平衡工作与生活

平衡工作与生活，这看似老生常谈，却是现代女性需要不断学习的课题。它并非要求我们将时间平均分配给工作和生活，而是要找到一个适合自己的平衡点，在不同的角色中切换自如，享受充实而美好的每一天。

面对种种压力，女性如何才能做到游刃有余？答案就是：平衡工作与生活，做个“轻生活”的聪明女人。

聪明女人都懂得“平衡术”：工作再忙，也要把生活过成诗。她们深谙，生活不仅是日复一日的奔波，更应该在繁忙中寻找乐趣，在琐碎中创造诗意。

就像在高楼林立的城市中穿梭，脚步匆匆，却依然不忘偶尔抬头看看天空，感受云卷云舒的惬意；就像在堆积如山的报表和文件中奋战，焦头烂额时，却依然保留着插一束鲜花的仪式感，为自己的办公桌增添一抹亮色。工作虽然重要，但生活更值得珍惜。她们懂得，工作是为了更好地生活，而不是让生活被工作吞噬，成为工作的奴隶。

不做拼命三娘：一位女强人的简单智慧

林薇，一家公司的创始人兼CEO，她是商界的铁娘子，杀伐果断、雷厉风行；她是朋友圈里的优雅女神，闲暇时插花品茗，生活精致且充满仪式感。在外人看来，她仿佛拥有分身术，能游刃有余地在工作与生活之间切换，活成了许多女性羡慕的样子。

许多人好奇，像林薇这样的女强人是如何做到工作与生活两不误的？面对这样的疑问，林薇总是笑着回答："因为我是一个'简单'的女人。"

简单，并非不谙世事，而是一种智慧，是懂得在繁

杂中洞察本质，在有限的时间里创造最大的价值。

在工作上，林薇信奉效率至上。她深知时间是有限的资源，必须最大限度地提升效率。为此，她要求自己和团队做到目标明确、计划清晰、执行坚决，避免将时间浪费在无意义的内耗上。

在生活中，林薇则追求断舍离。她从不盲目追逐潮流，也不被物质所累，而是将时间和精力集中在自己热爱的事情上。插花、阅读、旅行……这些爱好不仅能让她放松身心，更能为她注入源源不断的灵感和能量。

林薇的“简单”哲学，让她在工作和生活中都收获了成功和快乐。她也想告诉所有的女性，追求工作与生活的平衡并非遥不可及，关键在于能够找到适合自己的节奏，并用智慧去化解难题，用热爱去点亮生活。

那么，如何才能使工作与生活平衡，拥抱“轻生活”呢?

一、工作不是生活的全部，拒绝无效内卷

很多女性都非常努力，工作上力求完美，但过度投入工作，往往会牺牲陪伴家人的时间，失去自我放松的机会，最终导致身心俱疲。工作是为了更好地生活，而不是让工作吞噬了生活。聪明女人懂得拒绝无效内卷，明确自己的工作目标和边界，高效完成工作任务，才能拥有更多属于自己的时间。

二、设定界限，明确优先级

聪明女人懂得设定界限，将工作和生活区分开来。工作

时间专注高效，下班后则尽量不去处理工作事务，将时间留给家人、朋友和自己。同时，要学会明确优先级，将时间和精力投入最重要的事情上。

三、学会放手，享受不完美的幸福

很多女性都追求完美，无论是工作还是家庭，都想做到最好。但实际上，完美主义往往会引发不必要的压力和焦虑。学会适当地放手，接受不完美的自己，才能更加轻松自在。家务事可以分配给家人一起完成，不必事事亲力亲为；孩子偶尔的小错误，也是成长过程中宝贵的经验。放下对完美的执念，才能收获更多的幸福感。

四、留白时间，滋养身心

在繁忙的工作和生活之外，留给自己一些独处的时间，可以培养兴趣爱好，阅读、旅行、运动、插花，或者只是静静地发呆，这些都是滋养身心的绝佳方式。在独处的时间里，我们可以放松身心，沉淀自己，找到内心的平静，以更饱满的热情去迎接生活中的各种挑战。

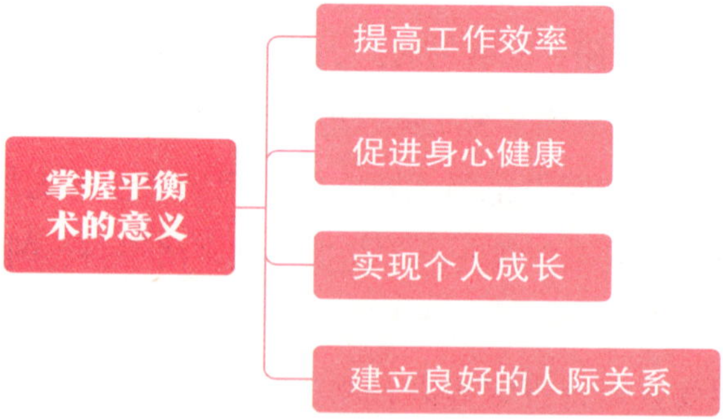

五、活在当下，珍惜眼前人

不要总是为了未来而焦虑，也不要为了过去而后悔，活在当下，珍惜眼前人，才是最重要的。用心陪伴家人，感受和朋友相聚的快乐，享受每一刻的美好时光。

六、学会拒绝，避免过度付出

很多女性习惯于承担过多的责任，结果让自己疲惫不堪。学会拒绝不合理的要求，避免过度付出，才能保持身心健康，更好地平衡工作和生活。

“轻生活”是一种生活态度，更是一种智慧。愿每个女性都能找到属于自己的平衡之道，活出精彩的人生！

平衡工作与生活不是一件容易的事，需要我们不断地探索和尝试。学会给生活做减法，放下不必要的负担，才能活得更加轻松自在，收获真正的幸福。

“工作与生活的平衡”已经不再是简单的二选一，而是需要我们用心经营的一种生活状态。越是聪明的女人越懂得平衡的智慧，她们能够在工作中全力以赴，也能在生活中享受美好。

工作是为了更好地生活，而不是让生活被工作所吞噬。我们努力工作，是为了获得更好的物质条件，是为了追求更高的精神境界，是为了让生活更加充实和美好，而不是让工作成为我们生活的全部，让我们身心俱疲，失去生活的乐趣。

学会在工作和生活之间找到平衡点，才能保持身心健康，实现更好、更长远的发展。这就需要我们明确工作的意义，合理安排工作和生活的时间，在努力工作的同时，也要留出足够的时间去陪伴家人、发展兴趣爱好、放松身心。

轻生活是一种智慧，更是一种选择。它意味着不被繁杂的事情所累，活得从容而优雅；它意味着拥有更多的时间去陪伴家人、享受生活；它意味着在有限的时间里，活出无限的精彩。

轻生活不是懒惰，而是要学会精简生活，放下不必要的执着和负担，将时间和精力投入真正重要的事情上。轻生活是一种积极的生活态度，让我们在快节奏的现代生活中，依然能够保持内心的平静和从容，享受生活的美好。

但想要平衡工作与生活，并非一蹴而就，而是需要我们不断学习、尝试和调整。相信每一位女性都可以通过努力，找到属于自己的平衡之道，活出精彩的人生。

走出被职场压力裹挟的困境

在高压的工作环境下，很多女性被贴上了“女强人”“工作狂”的标签，似乎只有这样才能获得成功。但实际上，那些真正活得通透的女人，往往看起来人畜无害，过着简单而高效的生活。

每天都被工作追着跑，恨不得把二十四小时当成四十八小时用！

下了班只想瘫着，完全没有自己的时间……

是不是感觉自己中枪了？

在快节奏的现代社会，职场女性面临着越来越大的压力。这些压力可能来自工作本身，也可能来自人际关系、职业发展等方面。不少女性在职场上努力拼搏的同时，也承受着巨大的心理压力。如何才能有效地应对职场压力，成为许多女性的困扰。

我们总是习惯性地抱怨时间不够用，却忽略了时间管理的重要性。事实上，越忙碌，越需要掌握时间管理的技巧，这样才能从容应对各种挑战，拥有掌控感和成就感。

很多时候，我们感到压力，是因为我们没有区分事情的轻重缓急，将时间浪费在一些琐碎的事情上。俗话说：“磨刀不误砍柴工。”越是简单的女人越懂得先做重要的事情的道理，她们会将时间和精力集中在最重要的事情上，从而提升效率，获得了更大的成就感。

别被“傻白甜”的表象迷惑了

小雨毕业后进入了一家外企工作。她性格温柔，从不争强好胜，在公司里就像一只小白兔，同事们都和她很亲近。刚开始，朋友对她的职场之路充满了担忧，觉得像她这种与世无争的性格，很难在竞争激烈的环境中生存。

然而，事实证明她朋友的担心是多余的。小雨虽然不争不抢，但她工作认真负责，从不拖延，总是能按时且高质量地完成任务。而且，她从不加班，每天下班后就雷打不动地去健身、学习、陪伴家人。

有一次，公司接了一个时间紧、任务重的项目，所有同事都忙得焦头烂额，只有小雨依然保持着以往的节奏，按时下班。朋友忍不住问她：“你怎么一点儿都不着急？难道你就不怕完不成任务吗？”

小雨笑了笑说：“与其焦虑，不如先把事情整理清楚。我每天都会列出工作计划，按照优先级逐一完成，这样就能保证工作效率，也不会让自己陷入混乱。”

原来，小雨私底下是一个时间管理达人。她会利用各种碎片化的时间学习充电，提升自己的工作效率。而且，她从不把工作中的情绪带回家，下班后就全身心地投入到生活中，让自己保持身心愉悦。

结果，这个项目在大家夜以继日的共同努力下提前完成了，小雨也因为出色的工作表现获得了领导的认可和嘉奖。

看着小雨云淡风轻的样子，朋友突然明白，真正的聪明不是拼命努力，而是懂得如何化繁为简，用最轻松的方式获得最大的收获。

那些看起来简单的女人，其实一点儿也不简单。她们不是没有野心，而是懂得如何掌控自己的人生，在有限的时间里创造出无限的可能，更懂得劳逸结合的重要性。

所以，亲爱的姑娘们，别再被“傻白甜”的外表所迷惑，那些看似简单的女人，其实都拥有一颗强大的内心。她们懂得如何平衡生活与工作，懂得如何用最简单的方式获得最大的幸福。

时间管理不是把时间填满，而是要让时间更有价值。如何才能在高压的环境下保持优雅与从容，活出自信闪耀的自己呢？答案很简单：聪明女人都懂得化解职场压力。

1. 识别压力的来源，对症下药

首先要明确压力的来源，才能找到有效的应对方法。工作中，过多的任务量、紧迫的deadlines、复杂的职场关系都可能成为压力的来源。在生活中，家庭责任、育儿压力、社会期望也可能让我们喘不过气。

2. 列出清单，厘清思路

每天早上，花几分钟时间列出今天需要完成的任务清单，并按照重要性和紧急程度进行排序，优先处理重要且紧急的事项。

计划是行动的指南针。你可以利用手机备忘录、效率软件等工具，制订每日、每周甚至每月的计划，并将这些计划细化到每个时间段，从而提高执行力。它可以帮助你清晰地了解自己每天需要做什么，避免遗漏重要事项。

3. 番茄工作法，高效专注

番茄工作法是一种简单易行的时间管理方法，将工作时间划分为二十五分钟一个周期，每个周期结束后休息五分钟，每四个周期休息二十分钟到三十分钟。

这种方法可以帮助你集中注意力，提高工作效率，避免长时间工作带来的疲劳和效率下降。

4. 善用碎片时间，积少成多

上下班通勤、排队等候、睡前半小时……这些看似不起眼的碎片时间，如果能够加以利用，也能积少成多，成为自我提升的宝贵时间。我们可以利用这些时间阅读、学习、听音频课程，或者看教学视频放松一下，给自己加油充电。

5. 批量处理，事半功倍

将性质相似的工作集中处理，如集中回复邮件、集中处理文件等，可以避免频繁切换任务，从而提高工作效率。

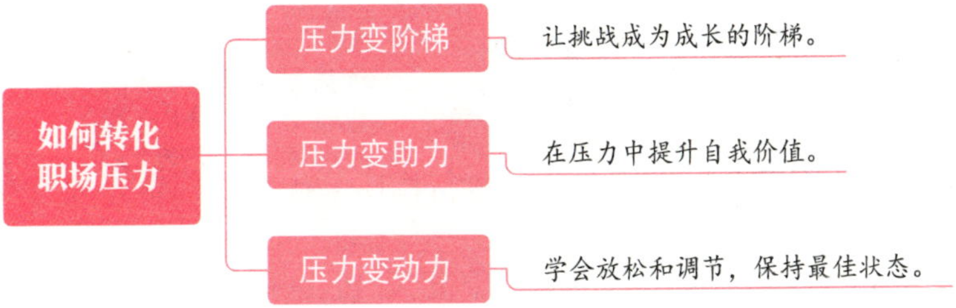

6. 不断学习，提升自我

不断学习新的知识和技能，提升自身的职业素养，不仅可以增强我们的职场竞争力，也能让我们更有信心地应对挑战。

时间管理不是把时间填满，而是让时间更有价值。从今天开始，就试试运用这些时间管理技巧，告别焦虑，提升效率，成为掌控自己生活和时间的主人吧！

不做便利贴女孩儿，挣脱被压力裹挟的枷锁

面对职场压力，聪明女人懂得拒绝情绪内耗，她们善于调节情绪，找到释放压力的突破口。

聪明女人不做职场便利贴女孩儿。她们自信、独立、勇敢，在面对挑战时，能够保持理性思考，积极寻求解决方案。她们深知，只有不断提升自我价值，才能在职场上游刃有余，取得无法替代的地位。

在职场压力的裹挟下，每个女人都像是一个陀螺，被鞭打着不停地旋转。但时间对每个女人都是公平的，它不偏不倚，不会因为任何人的身份、地位而有所不同，却又在不知不觉中悄然流逝。我们无法阻止时间的流逝，却可以选择利用时间的方式。

时间管理不是简单的日程安排，而是一场持之以恒的自我修炼，需要我们不断地学习有效的方法、付诸实践并不断反思改进。只有掌握了正确的时间管理方法，才能告别低效率的“伪勤奋”，将时间和精力集中在那些真正重要的事情上，实现真正的效率提升，最终减轻工作上的压力。

简单不是退缩，而是一种智慧、一种选择。简单的工作方式能让职场女性更专注于自身成长，更从容地应对挑战，也更容易收获幸福。所以，别焦虑，做个简单的女人，你会发现，职场之路可以走得更稳、更远、更精彩。

不要投入过多的时间在感情上

在感情的世界里，我们总是容易迷失自己，把大量的时间和精力投入一段关系中。但很多时候，过度投入换来的并非幸福，而是无尽的焦虑和失望。与其在不值得的人身上浪费时间，还不如把精力放在提升自己、充实自己的生活上。毕竟，越简单的女人越聪明，懂得时间管理和效率提升的女性，才能活出精彩的自我。

很多女人一旦陷入爱情，就会失去自我，一个劲儿地围着对方转，将所有的时间和精力都花在经营感情上。她们可能会花费数小时与伴侣煲电话粥，精心准备每一份礼物，甚至放弃自己的兴趣爱好和事业追求。但这种过度依赖和付出会让对方感到压力，也会让自己迷失方向，最终得不偿失。

女性最大的错误就是将太多的时间与精力花费在不对

的人身上，最后不仅失去了自我，还错过了人生中许多美好的风景。爱情固然美好，但它不应该占据我们生活的全部。聪明的女人懂得在感情中保持理性，不沉溺于虚无缥缈的承诺，也不为不值得的人浪费时间。

爱情，从不是你的优先级

“女人哪，还是要把更多的心思放在男人身上，才能幸福。”

每当听到这样的“金玉良言”，陈静只想翻白眼。35岁的她，事业小有成就，生活精致优雅，唯独没有男朋友。

朋友们都替她着急，热心地为她安排了一场又一场相亲。可在她看来，那些人不是油腻大叔，就是妈宝巨

婴，还不如自己一个人过得自在。

“爱情不是生活的全部，我还有很多事要做。”陈静始终相信，女人越简单越聪明。与其把时间浪费在无谓的感情纠葛上，不如专注于提升自己。

每天早上，陈静会准时起床，为自己准备一份精致的早餐。然后，打开手机上的时间管理软件，开始安排一天的行程。工作、学习、健身、阅读……每件事都被她安排得井井有条。

在她的时间表里，爱情从来不是最优先的事。她不会为了约会而推掉重要的工作，也不会为了取悦男人而放弃自己的爱好。“我不会为了爱情降低自己的标准，更不会为了任何人委屈自己。”陈静说。

在她的朋友圈里，更多的是工作上的成就和生活中的感悟。偶尔，她也会分享一些旅行的照片，照片里的她，自信而美丽，脸上洋溢着幸福的笑容。

如何在爱情中保持清醒，不被恋爱冲昏头脑

- 降低对爱情的期待，别把男人当成全世界
- 提升自我价值，在亲密关系里，势均力敌的爱情才能走得更远
- 保持经济独立，才能在爱情中拥有更多选择权
- 学会时间管理，提升效率，才能在爱情和自我提升之间找到平衡点

她喜欢一个人去看电影，一个人去旅行，一个人去探索未知的世界。对她来说，自由和独立显然比爱情更重要。

当然，陈静也渴望爱情，但她不会为了爱情而降低自己的标准。她相信，总有一天会遇到那个真正懂她、珍惜她的人。而在这之前，她会继续努力，让自己变得更加优秀，活出属于自己的精彩人生。

聪明女人不做恋爱脑：时间管理才是你的制胜法宝

那么，如何才能避免在感情上浪费时间呢？

首先，要学会判断一个人是否值得付出。人的一生很短暂，姑娘，别在不值得的人身上浪费时间。如果一段感情让你感到疲惫不堪，甚至失去了自我，那么就应该认真思考这段关系是否还要继续下去。

其次，要学会拒绝不合理的要求。在一段感情中，我们都渴望得到对方的爱和呵护，但这并不意味着我们要无条件地满足对方的一切要求。如果对方的要求让你感到不舒服，甚至触碰到了你的底线，那么就应该勇敢地说“不”。

再次，要学会管理自己的时间。随着我们逐渐长大，身上的责任越来越重，要做的事情也越来越多，我们的时间因此显得非常宝贵。在有限的时间里，要学会区分事情的轻重缓急，把时间用在最重要的事情上。感情固然重要，但也要分配好时间，不要让它占据了你生活的全部。

重要的是，要学会放下。不是所有的感情都能走到最后，如果一段感情已经让你感到疲惫不堪，不如学会放手，给自己一个重新开始的机会。人生苦短，不要把时间浪费在不值得的人和事上。

最后，要学会投资自己。与其把所有的时间和精力都放在另一半身上，不如花更多的时间来提升自己。你可以学习一门新的技能，培养一个新的爱好，或者去旅行、读书、健身……

亲爱的你，请记住，我们要学会爱自己，独立自主，不依赖他人。拥有自己的事业和兴趣爱好，不断学习和成长，让自己成为一个独立且自信的女性。当我们拥有了独立的人格和精彩的生活时，自然会吸引到更多优秀的人。

时间管理，让你拥有更广阔的天地

在感情中，付出是相互的，而不是单方面的牺牲。聪明的女人懂得经营自己，让自己活得更轻松自在，从而拥有更强大的内心和更精彩的人生，而不是将所有希望都寄托在爱情上。

所以，别在爱情里浪费时间了，越简单的女人越高级。将时间留给自己，去追求梦想，去创造属于自己的精彩人生，你会发现，爱情只是锦上添花，而不是生活的全部。

批量处理任务，成就更从容的你

在快节奏的现代生活中，我们常常被各种各样的任务湮没，疲于奔命却效率低下。如何才能在有限的时间里高效地完成任务，成为更好的自己？答案或许就藏在“批量处理”这四个字中。

你是否常常感觉时间不够用？工作、家庭、个人生活，每一项都需要我们投入大量的时间和精力。在快节奏的现代社会中，高效的时间管理成了许多女性的必修课。

在这里，想和你分享一个既简单又非常实用的时间管理技巧：批量处理任务。这个方法能够帮助你更好地集中精力，减少任务切换带来的时间浪费，从而在相同的时间内完成更多的事情，最终留给自己更多的时间去享受生活，成为一个更从容、更优雅的自己。

批量处理任务的定义

顾名思义，批量处理任务就是将性质相似、步骤相近的任务集中起来，统一进行处理。

例如，与其每天零零散散地回复邮件和信息，不如固定在早上和下午各抽出30分钟来集中处理；与其每天都要为穿什么衣服而烦恼，不如在周末一次性搭配好一周的服装；与其每天都要花费时间思考晚餐吃什么，不如在周末制订好一周的食谱并在周末一次性购买好食材。这样就能避免频繁切换任务带来的精神损耗，从而提高效率。

从焦头烂额到云淡风轻，学会这招，你也能成为时间管理大师

曾经的小艾每天被各种琐事追赶，不是在开会，就是在接送孩子的路上，好不容易熬到晚上，还有一堆家务等着她。焦虑、疲惫、无力感，这些几乎成了她生活的常态。

直到有一天，小艾报了一个时间规划培训班，第一堂课，老师就说了一句让她醍醐灌顶的话："你那么忙碌却一事无成，原因就在于你太忙了。"她开始反思自己忙碌背后的原因。她发现，自己一直在做加法，却忽

略了做减法。

小艾开始尝试改变。她开始学习时间管理的方法，把每天要做的事情都列出来，然后进行分类和排序，把重要的事情放在首位。为了提高效率，她还尝试了“番茄工作法”，将时间分成若干个“番茄时间”，集中精力完成一项任务，避免多项不同的任务给自己带来的干扰。

渐渐地，小艾发现自己不再像以前那样手忙脚乱了。她可以从容地安排工作和生活，留出更多时间陪伴家人，甚至还能抽出时间培养自己的兴趣爱好。

批量处理任务的优势

减少启动时间，提高效率：每次开始一项新任务都需要一定的准备时间，而批量处理可以将多个任务的准备工作进行合并，从而节省时间。

减少任务切换的成本：每一次任务切换都会消耗我们宝贵的时间和精力。批量处理任务可以让我们一次性集中精力完成某一类型的任务，减少了任务切换的次数，从而提高了效率。

提升专注力，减少拖延：当我们专注于完成某一类型的任务时，更容易进入心流状态，从而更加专注和高效。同时，批量处理任务也能够帮助我们克服拖延症，将原本分散的任务集中处理，更容易激发我们的行动力。

提升成就感，激发动力：一口气完成一批任务，更容易获得成就感，从而提高我们继续前进的动力。

节省时间，提升生活的幸福感：批量处理任务能够帮助我们节省出更多的时间去做自己喜欢的事情，如阅读、运动、陪伴家人等，从而提升生活的幸福感。

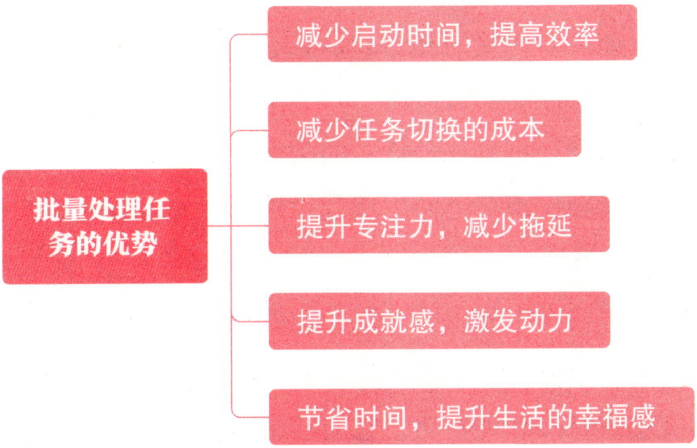

打造更高效的自己的方法

列出清单，分类归纳。将所有待办事项列在清单上，然后根据任务的性质、所需时间、重要程度等进行分类归纳，以便进行批量处理。

设定时间段，集中处理。为每一类任务设定固定的时间段进行处理，例如，每天早上八点到八点半集中回复邮件和信息、下午两点到四点集中处理写作任务、每周六下午两点到四点集中处理家务等。

灵活调整，循序渐进。批量处理的方式并非一成不变，而是可以根据实际情况灵活调整。例如，对于紧急任务可以优先处理，对于需要长时间专注的任务可以单独安排时间处理。

对任务进行分类：将性质相似、可以集中处理的任务归为一类，如需要回复的邮件和信息、需要处理的文件、需要购买的物品等。

坚持执行：批量处理任务的关键在于坚持执行，养成习惯后，你就会发现自己的生活变得更加井井有条，效率也得到了显著提升。

越简单的女人越聪明，她们能够拨开繁杂的表象，找到高效解决问题的捷径。批量处理任务就是这样一种既简单又非常实用的时间管理技巧，它能够帮助我们从琐碎的事务中解脱出来，将时间和精力集中在真正重要的事情上。我们可以将这个方法运用到自己的生活中，体会化繁为简的精妙之处，从而收获一个更从容、更优雅的自己！

第四篇

人际关系与极简社交

在如今这个纷繁复杂的社会，每个人都身处各种关系网中，因此人际交往成为一门不可不学的学问。尤其对于女性而言，处理好人际关系似乎更为重要。那些在人际关系中活得通透的女人，往往都拥有一种大道至简的智慧。她们不刻意讨好、不刻意迎合，而是以简单真诚的态度待人接物，反而获得了更加和谐的人际关系和更加自在的生活状态。

简约饮食，一种自信的生活态度

精致饮食的背后，往往隐藏着对自我价值的过度追求。社会常常向女性灌输“上得厅堂，下得厨房”的标准，仿佛只有将生活过得精致无比，才能证明自己的优秀。然而，在这种精致的背后，却可能是无尽的家务劳动和精神压力。

你有多久没好好吃饭了

当代都市丽人不是在赶时间，就是在赶时间的路上。早餐随便对付，午餐外卖解决，晚餐能省则省，成了很多人的生活常态。

殊不知，长期饮食不规律，不仅会导致营养不良、肠胃疾病，还会影响个人情绪和精神状态。

还有很多女性认为，精心摆盘、食材多样、烹饪步骤烦琐才是美食的精髓。然而，当我们尝试着简化烹饪，追求食材本味时，却发现了一种全新的饮食体验。

简约饮食不仅是一种健康的饮食方式，也是一种智慧的生活哲学。它让我们在快节奏的现代生活中，找到一份独属于自己的宁静和从容。

为了追求精致而感到焦虑

曾经的小雅，信奉“精致生活，从美食开始”的理念。翻看她的朋友圈，不是在网红餐厅打卡，就是在寻找私房菜馆的路上。

为了吃到传说中“排队三小时，只为这一口”的美味，小雅甘愿花费一下午时间；为了拍出高赞美食图

片，她研究角度、摆盘，力求完美。朋友聚会，她也会精心挑选餐厅，从环境到菜品，都要符合她的审美要求。

那时的小雅认为复杂的烹饪方式才能体现食物的价值，繁复的菜式才能代表她对生活的热爱。然而，渐渐地，她发现精致饮食的背后，隐藏着许多“甜蜜的负担”。

一方面是时间成本。准备一顿精致的晚餐，从买菜、洗菜、烹饪到最后收拾碗筷，往往需要花费两三个小时，占据了大量的休息时间。另一方面是经济压力。频繁地探店打卡，购买昂贵的食材，让小雅不堪重负。更重要的是，她发现一味追求精致的饮食，反而忽略了食物本身的味道，忽略了与家人和朋友相处的快乐时光。

从那以后，小雅开始尝试简化她的餐桌，减少了外出就餐的频率，开始自己在家做饭，也不再执着于复杂的菜式，而是学会用简单的食材，烹饪出美味又健康的饭菜。

白米饭搭配清炒时蔬，成了小雅餐桌上的“常客”。没有过多的调料，却让她重新感受到了食物的清香和甘甜。渐渐地，简约饮食不仅让她拥有了更多可支配的时间和金钱，也让她明白了“少即是多”的生活哲理。

如今的小雅，依然热爱美食，但她更懂得享受简单生活带来的快乐。她不再为了追求精致而焦虑，而是将更多的时间和精力投入工作、学习和陪伴家人或朋友上。

那些懂得拥抱简约饮食的女性，往往更加从容、自信。她们明白，生活的真谛在于享受当下，而非追求表面的完美。一碗简单的清粥小菜，一杯香浓的蜂蜜柠檬水，都能让她们感受到生活的美好。

简约生活，从餐桌开始

“食不厌精，脍不厌细”曾是中国人推崇的饮食文化。然而，复杂的食材准备和烹饪过程，让做饭变成了一件费时费力的事情。

其实，健康饮食的关键不在于食材的昂贵，而在于营养的均衡和搭配。与其追求花样百出，不如尝试“断舍离”的简约饮食。

很多人认为，吃得简单就是吃得单调，其实不然。简约饮食指的是一种健康、均衡、适量的饮食方式。它提倡选择新鲜、天然的食材，减少加工食品的摄入，避免过度烹饪，以保留食物的多种营养和原汁原味。

选择当季新鲜的食材，用简单的烹饪方式，最大限度地保留食物的本味。例如，一份清爽的蔬菜沙拉，一碗热气腾腾的杂粮粥，都是不错的选择。

慢下来，享受每一餐

快节奏的生活，让我们习惯了狼吞虎咽。然而，细嚼慢咽，才能更好地品尝食物的美味，也有利于身体的消化吸收。建议小口进食、细嚼慢咽，不要给口腔太大的工作压力。

放下手机，关掉电视，专注于眼前的每一口食物。感受食物的温度、香气和口感，享受吃饭本身带来的愉悦。你会发现，吃饭不再是一项任务，而是一种放松和享受。

学会爱自己，从好好吃饭开始

好好吃饭，是对自己身体的尊重，也是对生活的热爱。一个懂得好好吃饭的女人，一定也懂得如何更好地爱自己。

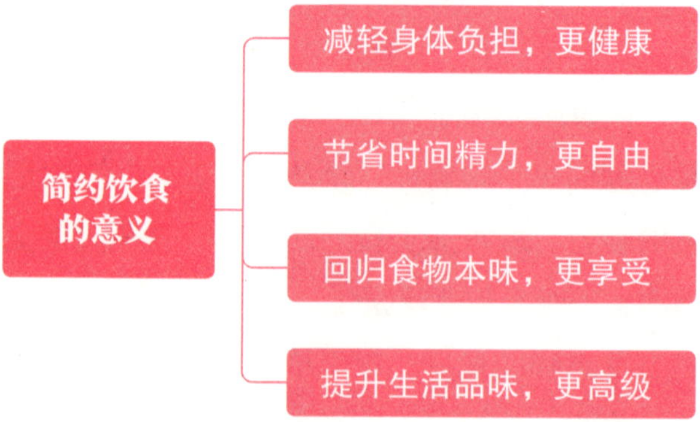

她们不会为了减肥而过度节食，也不会因为工作忙碌而

忽略饮食。她们明白，只有照顾好自己的身体，才能拥有更加充沛的精力去面对生活中的各种挑战。

简化的是烹饪步骤，提升的却是生活品质

简约饮食并非粗茶淡饭，而是一种智慧的饮食方式。它倡导选择新鲜、天然的食材，用最简单的烹饪方式，最大限度地保留食物的营养和风味。蒸、煮、拌，这些看似简单的烹饪方法，却能让我们品尝到食材最本真的味道。

更重要的是，简约饮食也是一种健康的生活态度。它让我们告别油腻、重口味的食物，减轻身体的负担，保持健康活力。当我们不再执着于烦琐的烹饪时，就能将更多的时间和精力投入到工作、学习、兴趣爱好中，活出更加精彩的自己。

聪明女人都懂得，人生苦短，时间宝贵，与其在精心研究一日三餐上耗费时间，不如将这宝贵的光阴投入到自己真正热爱的事业上，去学习一门外语，去探索一个新的国度，去挑战一项极限运动，不辜负每一寸光阴，活出自己的精彩。

她们自信、独立，不依附、不盲从，身上带着一股不被定义的自由气息。面对生活中的各种选择，她们果断而决绝、懂得取舍，像对待人生的剧本一样，果断删去那些不必要的枝蔓，只留下最精彩的篇章，活得通透而精彩。简约饮食，恰如她们对待人生的态度一般，删繁就简、直达本质，在纷繁的世界中保持着对纯粹的追求，这正是她们自信人生的最佳注脚。

简约饮食，简化的是烹饪步骤，提升的却是生活品质。聪明的女人懂得在繁忙的生活中寻找平衡，用简约的方式享受健康与美味。让我们一起告别精致餐盘，拥抱简约饮食，活出属于自己的精彩人生！

唤醒身体活力：动起来，更自由

在钢筋水泥的都市丛林中，现代女性常常身兼数职，在职场上拼搏，在家庭中付出。然而，日复一日的忙碌，让她们忘记了关注自身的健康和快乐。其实，聪明女人懂得，真正的自由来自身心的轻盈。只有动起来，才能拥抱更健康、更自由的自我。

生活节奏快、压力大，让很多女性感到身心俱疲。与其躺在床上刷手机，不如动起来，感受运动带来的快乐和放松！

研究表明，运动可以有效缓解压力、改善情绪。我们可以选择自己喜欢的运动方式，比如瑜伽、跑步、游泳等。即使是简单的散步、跳绳，也能让你感受到运动的魅力。

也许你会说，工作太忙，没有时间运动。其实，运动并不需要花费太多时间，也不需要专业的场地和器材。每天只需抽出二十分钟，即使只是站起来走动五分钟，也能为健康加分。

也许你会有疑问，运动真的能让生活变得更简单吗？答案是肯定的。

释放快乐激素，缓解你的压力和焦虑

伏尔泰曾经说过："生命在于运动。"运动可以帮助我们释放压力，改善情绪。当你挥洒汗水，享受运动分泌的多巴胺、内啡肽等快乐激素时，可以缓解压力和焦虑，让你感觉更加轻松愉悦。很多女性朋友通过运动收获了更好的睡眠，提高了工作效率，也改善了与家人和朋友的关系。

提升气质，由内而外散发出自信的光芒

不仅如此，运动还能让我们更加自信、更加从容地面对生活的挑战。坚持运动可以改善我们的体态，提升我们的气质，让我们由内而外散发出自信的光芒。试想一下，当你拥有了健康的身体、迷人的曲线时，你还会惧怕年龄的增长、生活的压力吗？

运动是一种社交方式和生活态度

运动也是一种社交方式，让你在挥洒汗水的同时，结识

更多志同道合的朋友。参加马拉松比赛、进入健身房，或者和朋友相约晨跑，都能让你在运动中收获友谊和快乐。

运动，更是一种生活态度，它能够让你更加热爱生活，珍惜当下。当你坚持运动时，你就会发现，你对生活的态度也变得更加积极乐观、更加自信从容了。

当然，运动带来的好处远不止这些。它还能帮助我们增强体质，预防疾病，提高生活质量。只要坚持下去，你就能感受到运动带来的改变。你会发现，你的身体越来越轻盈，精神越来越饱满，心情也越来越愉悦。

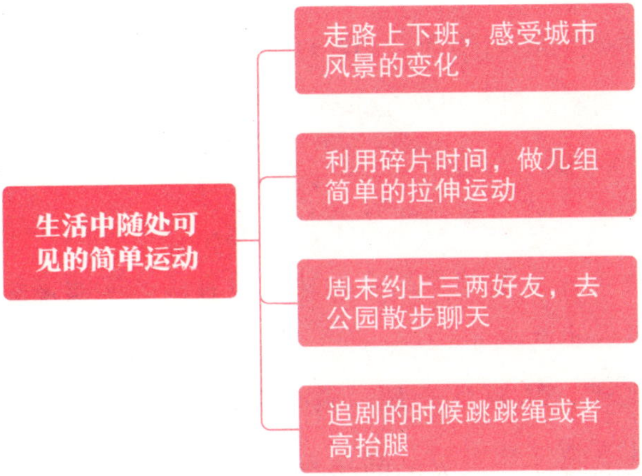

迈出第一步，找到适合自己的运动方式

其实，运动并没有你想象的那么难，不需要复杂的计划，不需要专业的装备，只要你愿意迈出第一步，就一定能

找到适合自己的运动方式。

你可以选择晨跑，感受清晨的第一缕阳光，呼吸新鲜的空气，让一天的心情都变得愉悦起来；也可以选择瑜伽，在舒缓的动作中放松身心，找到内心的平静；如果你喜欢团队合作，还可以约上三五好友，来一场酣畅淋漓的篮球赛，在挥洒汗水的过程中收获友谊和快乐。

从健身小白到运动达人，人生开挂了

一年前的安迪还是个能躺着绝不坐着，能坐着绝不站着的懒癌晚期患者。那时的她，过着两点一线的生活：从公司到家。朋友圈除了工作，就是追剧、吃美食，妥妥的“干饭人”一枚。

日复一日，她的生活看似平静，内心却总觉得少了点儿什么。看着镜子里日渐臃肿的自己，安迪意识到，是时候做出改变了！

改变，从跑步开始。最初，安迪只能坚持跑几百米，还累得气喘吁吁。但看着朋友圈里那些挥洒汗水的运动博主，安迪告诉自己，再坚持一下，再坚持一下！

就这样，安迪慢慢地从跑步小白变成了可以轻松完成五千米、十千米的运动达人。更让她惊喜的是，运动不仅让她收获了健康的身体，还意外地改变了她的人际关系和生活状态。

以前的安迪，热衷于参加各种社交活动，花费大量时间和精力去维系各种塑料姐妹花的情谊。可到头来，除了满屏的点赞之交，并没有什么真正交心的朋友。

运动后，安迪开始把更多的时间和精力放在了提升自己上。她不再为了迎合别人而委屈自己，也不再为了那些无意义的社交而浪费时间。她开始享受一个人的独处时光，享受运动带来的快乐和自由。

渐渐地，安迪发现，自己身边出现了一群志同道合的朋友。他们一起跑步、一起健身、一起交流运动心得，彼此鼓励、共同进步。这些朋友没有复杂的利益关系，没有虚伪的面具，有的只是真诚和纯粹。

如今的她，依然热爱美食，依然喜欢追剧，但生活不再只有这些。安迪开始尝试各种不同的运动方式，瑜伽、游泳、普拉提……她开始学习新的技能，阅读、写作、摄影，开始更加关注自己的内心世界，探索生命的更多可能性。安迪很庆幸自己做出了改变，也感谢运动带给她的一切。

安迪从懒癌患者到运动达人的转变，让我们明白了一个道理：越简单，越强大。简单，不是单调乏味，而是去繁就简，专注于真正重要的事情；强大，不是咄咄逼人，而是拥有强大的内心和独立的人格。

生活就像一场马拉松比赛，我们需要用健康的身体和积极的心态去迎接每一个挑战。从今天开始，让我们一起运动起来，拥抱更简单、更健康、更美好的自己吧！

精简朋友圈，识别真朋友

千金易得，知己难求。这句古话放在当今社会似乎更加适用。我们每天奔波于工作和生活之间，社交圈子不断扩大，通讯录里的好友越来越多，但真正能交心的朋友屈指可数。

很多女性朋友，年轻时热衷于拓展人脉，参加各种聚会，以为朋友越多越好。然而，经历过一些事情之后，她们才发现真正能交心的朋友，一两个就足够了。真正重要的东西，用眼睛是看不见的，只有用心才能看得清。真正的朋友，带给你的是雪中送炭的温暖，是锦上添花的点缀，更是精神上的共鸣。

在学生时代，总听见前辈们说："好好珍惜学生时代的朋友，等你工作以后，就很难交到真正的朋友了。"当时我们不以为然，觉得朋友越多越好，多个朋友多条路。

工作几年后才发现，成年人的世界，朋友不在于数量，高质量的朋友，一两个就足够了。

被朋友背叛后，精简了朋友圈

“你怎么屏蔽我朋友圈了？”自从删掉一批微信好友后，辛南蓉就常常收到这样的质问。

起初，她还会耐心解释，说自己只是设置了分组可见，后来问的人多了，她也懒得解释了，直接回复一句“没有啊”，然后把对方也给屏蔽了。

曾经的她也热衷于结交五湖四海的朋友，朋友圈人数一度多达上千人。逢年过节，微信列表里总是消息不断，但她真正想联系的人寥寥无几。她也曾试图融入一些无效社交的场合，但发现那样做除了浪费时间和金钱，毫无意义。

她开始反思，自己真的需要这么多朋友吗？那些点赞之交、泛泛之辈，真的值得她花费时间和精力去维护吗？直到有了一次被“朋友”利用的经历后，才让她彻底醒悟。

那段时间，公司新来了一个女同事，性格开朗、热情大方，经常约辛南蓉一起吃饭逛街，还总是送她一些小礼物。

辛南蓉觉得对方人不错，便和她走得近了一些。谁知，这个同事接近她是有目的的，是想让她帮自己介绍男朋友。辛南蓉性格内向，圈子也比较小，没有合适的对象可以给她介绍，便婉拒了。

没想到，对方翻脸比翻书还快，从此对她冷言冷语，甚至在背后散播有关她的谣言。这次经历让她意识到，很多时候，所谓的人脉，其实都是利益的交换。

经历过这次“假朋友事件”后，辛南蓉决定给自己的微信朋友圈做个清理。她把那些不常联系、没有共同话题、只会一味向她索取的人，通通清理了出去。

现在的她，更享受独处时的宁静，更珍惜和家人朋友在一起的时光。清理了朋友圈之后，辛南蓉的生活并没有因此变得糟糕，反而更加轻松自在。她把更多的时间和精力投入自己喜欢的事情上，读书、旅行、学习新技能，生活过得充实而快乐。

真正的朋友，不在于朝夕相处

人们常常觉得，好朋友就要经常见面，有事没事约个饭、逛个街，否则感情就会变淡。实际上，真正的友情是即使不常见面，也能彼此牵挂。

真正的朋友不必一直陪伴在身边，而是当我需要你的时候，你一直都在。

成年人的生活总是忙碌的，每个人都有自己的事情要忙。与其费尽心思维持表面的热闹，不如把时间和精力留给真正懂你的人。

真正的朋友，是让你做最舒服的自己

真正的朋友，不会刻意讨好，不会虚伪做作，相处起来轻松自在，可以让你卸下伪装，做最真实的自己。

相处是轻松的，交往是真诚的，联系是自然的，两个人在一起互相欣赏，越走越近。“三观”一致，灵魂契合，无须刻意迎合，也能聊得热火朝天，这才是友谊最让人舒服的状态。

真正的朋友是懂你的欲言又止

知己难求，懂你的人更是可遇不可求。真正的朋友，一个眼神就能明白你的喜怒哀乐，即使你不说，他们也能感受到你的情绪波动，并及时给予安慰和鼓励。

越简单的关系越长久

交友的重点在于你是否拥有深入、健全的友谊，用心去经营彼此的感情，这才是成年人最宝贵的财富。即便你只有一两个知己好友，也比那些社交圈很广，却总是感到孤独的人更幸福。

朋友是我们第二次选择家人的机会。但遇人无数，不是

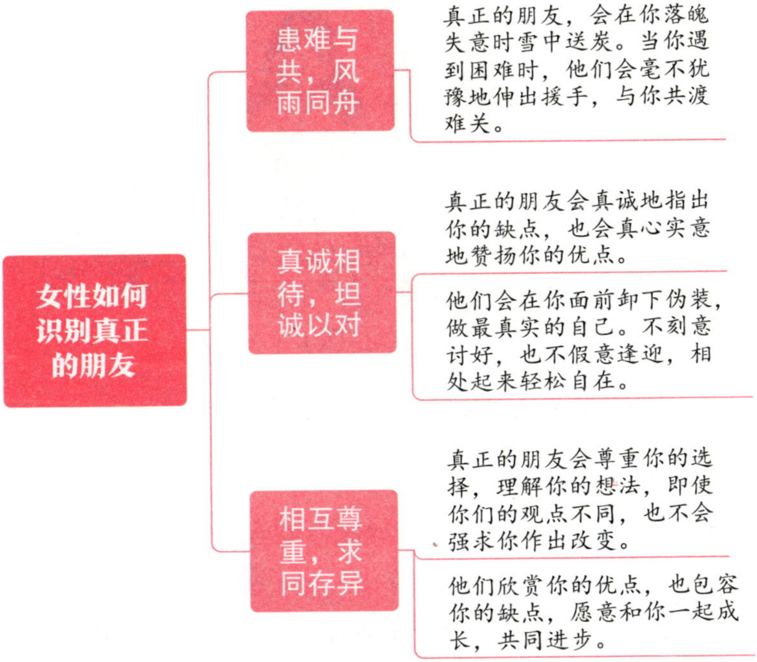

所有人都能成为我们的朋友。

网上有个问题："为什么越长大，越难交到真心朋友？"

有个高赞回答是："成年人的交往都戴着面具，你看不清对方的真心，也懒得摘下自己的伪装。"

成年人的世界，掺杂了太多复杂因素，利益关系、地位差距、"三观"不合，都可能成为建立友谊的阻碍。

精简朋友圈，是为了给生命腾出空间，让真情常驻心间。越简单的女人越聪明。因为她们懂得，真正的朋友不在于数量，而在于质量。

网上曾流传着一句话："朋友圈里点赞之交式的伪人脉，无法与现实生活中长期建立起来的真人脉相提并论。"

现实生活中，我们总要花时间和精力去经营人际关系。

但并非所有的人脉都值得我们花费心思去维护。有些人，你真心实意对他（她）好，他（她）却对你毫无回应；有些人，你把他（她）视作朋友，他（她）却利用你的信任占你的便宜。

珍惜那些在你生命中留下印记的朋友，用心去感受友情的可贵，用实际行动去维护彼此之间的关系。人生苦短，愿你我都能拥有三两知己，在漫漫人生路上，携手同行，共赏风景。

保持“最美距离”，人际关系更和谐

在人际交往中，我们总是渴望与他人建立亲密无间的联系，但过度的亲近和没有边界的相处模式，反而容易引发矛盾和摩擦。正如那句老话所说：“距离产生美。”保持适当的距离，才能让人际关系更加和谐。

心理学研究表明，每个人都需要足够的自我空间，它就像一个无形的气泡，为自己划分出一块属于自己的领域。不论是情感上还是身体上，都需要保留一定的边界感，才能更好地保护自己，也更容易赢得他人的尊重。

在与人交往的过程中，我们需要明白，每个人都是独立的个体，都有自己的想法、空间和边界。过度的热情和亲密，可能会让对方感到不适，甚至产生压力和负担。而保持一定的距离，则可以让彼此都感到舒适自在，也更容易互相尊重和理解。

那么，如何才能把握好人际交往中的最美距离呢？

不远不近，边界清晰

人与人之间相处最舒服的状态，莫过于距离产生美。太近了，容易滋生摩擦和矛盾；太远了，又会显得冷淡和疏离。一切交往都有不可超越的最后界限，这道界限是不清晰的，然而又是确定的。一切痛苦和不幸都来自不尊重他人的界限。

分寸得体，尊重彼此

每个人都是独立的个体，有自己的思想、空间和生活方式。在与人交往时，要学会尊重他人的边界，不轻易干涉他人的私事，也不要试图去改变他人。每个人都有自己的生活方式和节奏，过度的关心和干预，反而会让对方感到被束缚和压抑。保持适当的距离，才能给彼此留出呼吸的空间，也才能赢得他人的尊重。

亲疏有度，不强求、不攀附

在生活中，我们难免会遇到各种各样的人，有些人注定只是我们生命中的过客，而有些人则会成为我们长久的陪伴。要学会接受这种人来人往，不强求不属于自己的缘分，也不刻意去攀附那些与自己不同频的人。

专注自我，提升个人价值

与其花费大量的时间和精力去维系那些消耗自己的关系，不如把更多的时间和精力留给自己，专注于提升自身的价值。当你变得越来越优秀时，自然会吸引到更多优秀的人靠近。

根据不同的场景，调整相处模式

此外，还要根据不同的关系和场景，灵活调整相处模式，保持适当的距离感。例如，在与同事相处时，应保持专业的态度，避免过多地讨论私人话题；而在与朋友相处时，则可以更加轻松自然，可以分享彼此的生活和感受。

与人交往时，我们需要注意的策略

- **尊重差异，求同存异**：我们应该尊重彼此的差异，求同存异。不要试图改变别人，也不要强求别人认同自己。
- **学会倾听，真诚沟通**：沟通是人际交往的桥梁。只有学会倾听，才能更好地理解对方的想法和感受。只有真诚地表达自己的想法，才能建立起彼此的信任。
- **保持独立，不卑不亢**：在人际关系中，我们要保持独立的思考和判断能力，不卑不亢，不依附、不讨好。
- **懂得拒绝，量力而行**：当别人提出无理要求的时候，我们要学会拒绝，不要勉强自己。

倍感压力的好，让友谊变质

莉莉是詹妮的大学同学，毕业后她们一起留在北京打拼。刚开始的时候，两人几乎形影不离，一起租房，一起挤地铁，一起分享喜怒哀乐。那个时候，两人就像亲姐妹一样，无话不谈，无所不能。

工作几年后，詹妮跳槽到一家外企，收入和眼界都提升了不少。莉莉却还在原来的公司，薪水不高，也没什么发展。詹妮开始频繁地给她买礼物，带她去高档餐厅，想让她也感受一下自己的生活。莉莉一开始很开心，但后来就变得越来越沉默，甚至有些躲避詹妮。

在詹妮多次约莉莉被拒绝之后，詹妮生气了，觉得她不识好歹。冲动之下，詹妮把这些年为她做的一切都说了出来，指责她不懂得珍惜自己的付出。莉莉听完，眼圈红了，她平静地说："我知道你是为我好，但是你的好让我倍感压力，我觉得我们之间的距离越来越远了。"

詹妮愣住了，这才意识到，自己一直以为的对她好，其实是在用自己的方式绑架她，让她活在自己的阴影下。詹妮的好让她感到不舒服，也让自己感到疲惫。这种没有界限的亲密，反而让彼此都感到窒息。

詹妮开始不再强求和所有人保持亲密的关系，学会了尊重每个人的生活方式，不再用她的价值观去评判别人。渐渐地，她发现，学会和朋友保持距离后，反而轻松了很多。

詹妮开始明白，真正的朋友不是时刻黏在一起，而是彼此尊重、彼此支持，在彼此需要的时候，能够互相理解、互相帮助。

对于女人来说，很多时候，简单就是智慧，而懂得在人际交往中保持最美的距离，更是一种精明的处世之道。与其费尽心思去讨好别人，不如先经营好自己。当你的内心足够强大，你的生活足够精彩时，你自然会吸引到那些与你同频的人。

保持适当的距离，并不是要我们拒人于千里之外，而是要学会“亲密有间”。与人相处，要掌握好分寸，不要过度干涉他人的生活，也不要随意评价他人的选择，更不要把自己的想法强加于人。

总而言之，人际交往是一门需要用心经营的艺术，而保持最美的距离，则是这门艺术中不可或缺的一部分。只有在尊重、理解和包容的基础上，保持适当的距离，才能让人际关系更加和谐，生活更加美好。

降低期待，书写自己的人生剧本

在如今这个复杂的社会，我们总是被各种各样的期待包围。来自家庭的期待，来自社会的期待，来自朋友的期待……这些期待就像一张张无形的网，将我们紧紧束缚住，让我们喘不过气来。尤其是女人，更容易被这些期待裹挟，活在他人的眼光里，而迷失了自我。

你已经三十岁了，还不结婚？

你怎么还在做这份工作，一点儿前途都没有。

你看看人家的孩子，再看看你……

生活中，我们总会被各种各样的“期待”包围，它们来自父母、伴侣、朋友，甚至是陌生人。

这些期待就像一张张无形的网，将我们紧紧束缚住，让我们喘不过气来。渐渐地，我们越来越懂事，却变得越来越不像自己。

小时候，我们拼命地想长大，希望能够摆脱父母的束

缚，去做自己想做的事情。但等到我们真正长大了，却发现自己依然活在别人的期待里，为了满足别人的期望而压抑自己内心的想法。

那么，如何才能活出自我，做个简单的聪明女人呢？以下五个建议，希望能够给你带来启发：

1. 不要活在别人的评价里

我们每个人都是独立的个体，都有自己的人生轨迹。别人的评价只是他们站在自己的角度对我们进行的解读，并不代表我们真实的自己。

与其在意别人的看法，不如倾听自己内心的声音。问问自己想要什么，想要成为什么样的人。当你明确了自己的目标和方向以后，外界的纷扰就再也无法影响你前进的步伐了。

2. 不要被世俗的眼光绑架

女人就应该结婚生子、相夫教子，这些传统的观念就像一座座无形的大山，压得很多女性喘不过气来。但时代在发展，社会在进步，女性的角色早已不再局限于家庭。

如今，越来越多的女性走出家庭，在职场上打拼出自己的一片天地，实现自己的人生价值。所以，不要被世俗的眼光绑架，要勇敢地追求自己想要的生活。

3. 不要害怕失败

人生不如意之事十有八九，每个人都会经历失败。失败并不可怕，可怕的是因为害怕失败而裹足不前。

把失败看作人生的一种经历，从中吸取教训，总结经验，才能在未来的道路上走得更加稳健。

4. 不要过度追求完美

金无足赤，人无完人。每个人都有自己的缺点和不足。过度追求完美，只会让自己陷入焦虑和自我怀疑的泥潭之中。学会接纳自己的不完美，欣赏自己的独特之处，才能活得更加轻松自在。

5. 不要忘记爱自己

很多女人总是习惯性地照顾别人，却唯独忘记了爱自己。但只有先学会爱自己，才能更好地爱别人。给自己留一些独处的时间，做一些自己喜欢的事情，让自己身心愉悦。

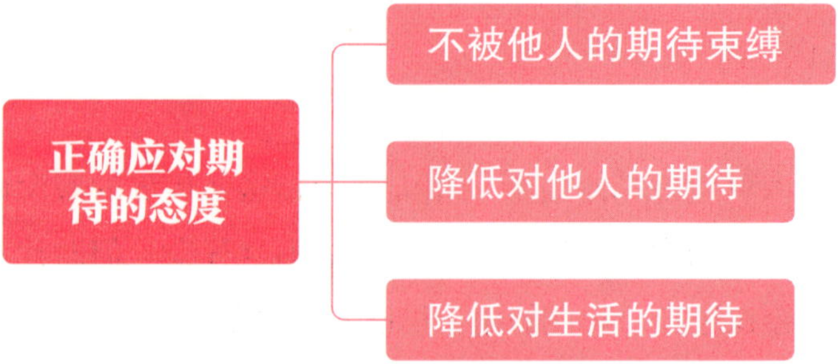

不被定义的人生，活出极致的精彩

你为什么还不结婚？

你打算什么时候要孩子？

你这样下去不行啊，女人还是要找个依靠，不然将来老了怎么办?

这些问题，对于35岁的林薇来说，已经听得耳朵起茧。每次家庭聚会，亲戚朋友们的关心总是离不开这两个话题。面对他们的关心则乱，林薇一开始还会耐心解释，但渐渐地，她发现解释也是徒劳的。

林薇从小就是一个独立自主的女孩儿，她热爱学习，成绩优异，大学毕业后顺利进入一家外企工作。工作中，她认真负责，能力突出，很快就得到了领导的赏识和同事的认可。

对她来说，工作不仅是谋生的手段，还是实现自我价值的平台。她享受着工作的挑战和成就感，也从工作中获得了经济独立和精神自由。

然而，在世俗的眼光中，事业有成的林薇却成了异类。因为她年过三十还不结婚，没有孩子，生活方式也极其简单，除了工作，就是读书、健身、旅行，很少参与社交活动。

“我现在一个人过得很好，为什么要找个依靠呢?老了就请个保姆，或者去养老院，现在社会这么发达，不用担心这些。”林薇总是笑着回应。

林薇并不是没有遇到过爱情，只是她不愿将就。她曾经有过一段长达五年的恋爱经历，但最终因为两人价值观不合而分手。

“我不想为了结婚而结婚，那样是对自己和对方的不负责任。”林薇说，“如果找不到一个真正懂我、爱我的人，我宁愿一个人生活。”

分手后，林薇把更多的时间和精力投入工作和自我提升上。她学习了新的技能，考取了专业证书，还利用业余时间学习了英语和日语。她不断充实自己，提升自己，让自己变得更加强大和自信。

如今的林薇，生活简单而充实，内心平静而坚定。她不再在意别人的眼光和评价，她知道自己想要什么，也知道如何去实现自己的目标。

聪明的女人，不仅不会被他人期待的声音绑架，还懂得降低对外界的期待，活出真实的自我。

降低对他人的期待，是放过自己

心理学上有一个词叫作“消极期待”，指的是我们总是预期事情会往坏的方向发展，从而给自己带来焦虑和压力。

很多时候，我们之所以会感到痛苦，是因为我们对他人抱有过高的期望。希望伴侣能够时刻理解自己，希望朋友能够随叫随到，希望同事能够配合默契……

然而，每个人都是独立的个体，都有自己的想法和生活方式。与其期待他人按照我们的意愿行事，不如降低对他人的期待，接受他们的不完美，同样也放过我们自己。

降低对生活的期待，是接受平凡

生活中，不如意之事十有八九。我们总是期望能够事事顺利，爱情美满，事业有成，却忽略了生活本身就是充满了挑战和挫折的。当我们事事追求完美时，就会陷入无尽的焦虑和压力之中。

降低对生活的期待，不是让我们放弃努力，而是让我们以更平和的心态去面对生活中的起起伏伏。接受自己的平凡，也享受生活中的小确幸。

降低期待是为了更好地活出自己

人生苦短，不要总是活在期待里。放下那些不切实际的幻想，专注于自身的成长和提升。尝试去做那些你一直想做却不敢做的事情，去追求你真正想要的生活。

人生的剧本，应该由自己来书写。那些活得通透的女性，往往都有着一种化繁为简的智慧。她们不沉迷于外在的虚荣，不攀附，而是专注于内心的成长，活得纯粹而坚定。

这种简单并非不谙世事的天真，而是历经世事后的返璞归真。她们深谙人情世故，却依然保持着内心的纯粹；她们洞察世俗规则，却依然坚持着自己的原则。她们不为难自己，不辜负岁月，用简单的心态活出精彩的人生。

对待他人：八分善良，两分锋芒

在纷繁复杂的世界中，我们总在探寻与他人相处的最佳方式。是毫无保留地付出，还是紧闭心门地防备？其实，答案或许就在“对待他人：八分善良，两分锋芒”之中。当我们以八分善良对待他人时，展现出的是人性的美好与宽容；而那两分锋芒，则是我们对自己的尊重和对原则的捍卫。

你人太好了，难怪别人不把你当回事。

生活中，你是否听到过这样的评价？你是否因为太过善良而被视为软弱可欺？

善良，是人性中闪耀的光辉，但生活中，我们也常常听到这样的感叹：“为什么我的善良没有得到应有的回报？”

善良是一种难得的美德，但过度善良就可能成为一种负担，甚至会让自己受到伤害。在人际交往中，我们应该保持善良的本性，但也要学会保护自己，懂得拒绝，不让他人随意践踏自己的底线。

这就好比在与人相处时，要把握好一个度，八分善良，两分锋芒，才能活得通透明白。

八分善良，是对待世界的温柔底色

善良是发自内心的善意和对他人的友好，是乐于助人、真诚待人。

一个善良的人，内心一定是柔软而温暖的，他们懂得换位思考，能够设身处地地为他人着想，在他人需要帮助的时候，会毫不犹豫地伸出援助之手。

两分锋芒，是保护自己的铠甲利刃

然而，生活并非童话故事，并不是所有的善良都能换来善意的回报。总会有一些人，他们把你的善良当成软弱可欺，肆意索取，得寸进尺。这时候，你就需要亮出自己的锋芒，明确拒绝，勇敢说不。

善良要有锋芒，才能保护自己，传递善良

在与人交往中，我们要做一个内心善良的人，也要做一个有原则、有底线的人。对待他人，适度的善良，恰当的锋

芒，既能彰显自己的善良，又能保护自己不受伤害。

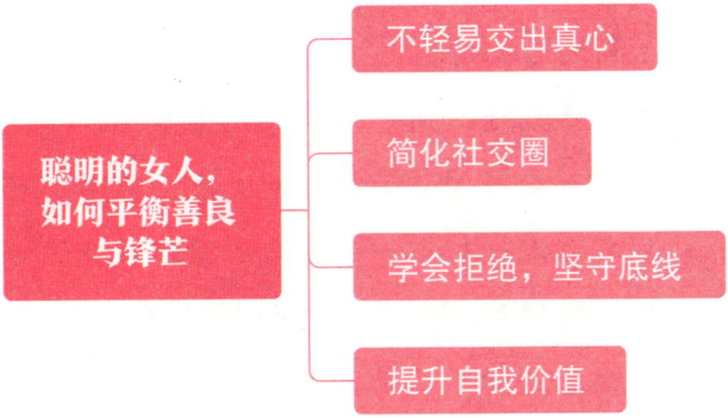

好心帮忙却被当成工具人

晓琳最近很烦恼，因为她的好心给自己惹来了麻烦。

事情的起因是这样的：晓琳搬了新家，在新的公司上班，每天早上开车路过公交站的时候，都会看到邻居女孩儿在等公交车。

女孩儿看上去和晓琳年纪相仿，穿着打扮都很精致，晓琳观察了几天，发现她每天都在固定的时间等车，而且等的还是同一班公交车，看样子应该是和她一样，在附近上班。想到自己每天开车也挺无聊的，于是就动了恻隐之心，想顺路载女孩儿一程。

这天早上，晓琳特意把车停在女孩儿面前，摇下车窗问道：“你好，请问你是去××公司上班的吗？我也是去那边，可以顺路载你一程。”

女孩儿先是一愣，然后有些不好意思地说："真的吗？那太感谢你了，我叫小丽。"就这样，晓琳顺理成章地成了小丽的专职司机。

一开始，小丽还知道客气，每次上车都会和晓琳聊聊天儿，偶尔还会买早餐带给晓琳，表示感谢。可时间一长，小丽就渐渐地把这一切都当成了理所当然，不仅不再主动找话题聊天，甚至连句谢谢都懒得说了。

更让晓琳感到心寒的是，有一次她因为家里临时有事，请了一天假，没法送小丽上班，结果小丽竟然打电话来质问她："你怎么回事呀？今天怎么没来？你知道我因为你迟到了多久吗？害得我被领导骂了一顿！"

晓琳这才意识到，自己当初的好心已经变成了对方的负担，而自己也活生生成了一个"工具人"。

生活中，像晓琳这样好心办坏事的例子并不少见。有些

人，你对他越好，他越是不懂得珍惜，甚至还会得寸进尺。善良本身没有错，但没有底线就会助长人的贪婪。

究其原因，还是因为你把事情想得太简单了，你以为你的付出能够换来对方的感激，却忘了人性本就复杂，并不是所有的付出都会有回报。

善良是一种选择，不是被人利用的弱点

过度善良，有时就像温室里的花朵，经不起风雨的洗礼，反而容易受到伤害。在人际交往中，没有锋芒的善良，容易被误解为软弱可欺。

善良的初衷是美好的，但如果是缺乏界限和原则，就可能成为他人肆意践踏的软弱。

在错综复杂的社会关系和利益交织的环境中，我们必须

清醒地认识到，善良是一种选择，但这不能成为被他人利用的弱点。否则，我们的善意可能会被扭曲，我们的付出可能会被辜负，甚至可能反过来伤害到我们自己。

善良，从来都不是一件需要你委屈自己的事。你可以选择只对你好的人好，也可以选择远离那些消耗你的人。你可以选择坚持自己的原则，也可以选择在适当的时候说“不”。

越简单的女人越聪明，是因为她们懂得如何保护自己，如何让自己活得更轻松、更快乐。她们不会为了取悦别人而委屈自己，也不会为了所谓的善良而牺牲自己的利益。她们清楚地知道，只有先爱自己，才能更好地去爱别人。

亲爱的姑娘们，请记住：善良是你的闪光点，但不是妥协或吃亏。要有原则、有底线地对人善良，才能使善良成为我们的加分项。

对他人八分善良，是对生命的温柔以待；对自己两分锋芒，是守护人生底线的铠甲。愿我们都能在纷纷扰扰的世间守住内心的柔软，不失自身的棱角，活出属于自己的精彩人生。

学会“装”，人傻心不傻地活着是真聪明

在如今这个社会，很多人都觉得女孩子要独立自强，凡事都要靠自己。当然，努力奋斗并没有错，但一味地表现自己，不懂得“装”，反而会让自己活得很累。“装”不是虚伪，而是换一种方式与世界相处，是一种以退为进的智慧。

精明强干的女人，活得太过通透，什么都看得清清楚楚，未必是件好事。水至清则无鱼，人至察则无徒。一个人如果活得太清醒，就容易变成刺猬，处处树敌，最终只会让自己遍体鳞伤。

真正聪明的女人都懂得装傻，表面上人畜无害，内心却像明镜一般。

- **如何使用“装”的技巧**
  - 装傻：难得糊涂，看破不说破。
  - 装穷：财不外露，低调做人。
  - 装柔弱：以柔克刚，激发保护欲。
  - 装坚强：内心强大，才能抵御风雨。

装穷，不露财

俗话说：“财不可露白。”有钱，自己心里知道就好，没必要逢人就炫耀。

在学校著名的情人坡前，一个女孩儿拦住了她的男朋友，来来往往的同学都在侧目，因为尽人皆知她有个开卡宴的男朋友。你看，别人在意的，也许并不是爱情，而是你男朋友的卡宴。炫耀财富，并不会给你带来真正的快乐和尊重，反而会招来不必要的麻烦。

真正聪明的女人从不炫耀自己，更不会为了满足虚荣心而过度消费。因为她们明白，钱是用来让自己过得更好的，而不是用来向别人证明什么的。闷声发大财，才是人间清醒。

钱是挣出来的，不是省出来的，但必须懂得合理消费，如此才能守住自己的财富，让自己在面对风险时更有底气。

身边竟然藏着一个隐形富豪朋友

依娜家境优渥，从小就过着锦衣玉食的生活。但她从不张扬，也不炫耀，平时总是穿着朴素的衣服，背着普通的帆布包，看起来就像是一个普通的邻家女孩儿。

有一次，朋友和依娜一起去逛街。路过一家奢侈品店的时候，朋友忍不住拉着她进去看了看。“这款包包是今年的最新款，我好喜欢哪！”朋友指着橱窗里的一款限量版包包，两眼放光。

“喜欢就买呀！”依娜笑着说。“可是太贵了，我买不起。”朋友有些不好意思地说。“没事，我送你。”依娜说着，就掏出信用卡，准备帮朋友刷卡。朋友连忙阻止了她，说：“不用不用，我只是看看而已。”依娜笑了笑，也没再坚持。

从那以后，朋友才知道，依娜其实是一个非常有钱的女孩儿。她有自己的公司，每年都有丰厚的收入。但她从来不乱花钱，也不追求名牌和奢侈品。她把大部分的钱用来投资理财，或者做慈善。

朋友很佩服依娜的生活态度。她虽然有钱，却活得很简单、很纯粹。她不追求物质上的享受，而是把更多的时间和精力放在了自己喜欢的事情上。

她喜欢旅行，就每年都抽出时间去世界各地走走看看；她喜欢读书，就经常泡在图书馆里，沉浸在知识的海洋中；她喜欢帮助别人，就经常参加一些公益活动，用自己的力量去温暖那些需要帮助的人。

依娜说：“人生苦短，我们要学会对自己好一点儿。不要把时间浪费在那些无谓的人和事上，要珍惜当下，去做更有意义的事情。”

装傻，不较真儿

生活中，总会遇到一些不顺心的事，斤斤计较，只会让自己活得疲惫不堪。真正聪明的人，都懂得装傻，睁一只眼闭一只眼，糊里糊涂地过日子。面对一些无伤大雅的小事，不妨一笑而过，没必要太较真儿。

真正聪明的人，最喜欢装傻。都说人生难得糊涂，但是在聪明人眼里，装糊涂没那么难。学会装傻，是一种人生智慧，更是一种豁达的处世之道。

装柔弱，不逞强

生活中，女人要懂得示弱，不要事事都想着自己扛。该撒娇的时候撒娇，该示弱的时候示弱，反而更能激发男人的保护欲。

很多时候，示弱并非软弱，而是一种以退为进的智慧。男人和女人就像两块磁铁，同性相斥，异性相吸。女人越独立，男人越觉得你不需要他；女人越示弱，男人越想保护你、照顾你。

所以，聪明的女人懂得在感情中示弱，给男人提供情绪

价值，让他感受到被需要，这样才能牢牢抓住男人的心，才能让他心甘情愿为你付出。

莎士比亚曾说：“简洁是智慧的灵魂，冗长是肤浅的藻饰。”一个女人最大的智慧就是懂得“装”，懂得隐藏自己的锋芒，以简单的方式与世界相处。愿我们都能成为一个内心强大、外表柔软的女子，在纷纷扰扰的世界中，活出属于自己的精彩！

第五篇

简约理财，给自己十足的安全感

通过简约理财，我们可以在确保日常所需的前提下，逐步积累财富，为未来可能出现的风险和不确定性提供足够的安全感。选择适合自己的理财方式，注重长期收益与风险管理，不仅能让我们的生活更加有序，还能在面对突发情况时，拥有足够的底气和资源。

理财不复杂，简约有道

理财其实并不复杂。简约有道的理财原则，就是要在满足生活需求的同时，确保财务的安全与增长。通过合理的规划和配置，我们可以让金钱为我们工作，而不是成为金钱的奴隶。

简约理财能给你带来安全感的理由

在现代社会中，金钱的重要性不言而喻，它不仅是我们生活的基石，还是我们实现梦想和追求更高生活品质的助推器。然而，金钱并非万能的，过分追求金钱往往会让人迷失方向。因此，简约理财是我们给自己安全感的重要方式。

简约理财强调为未来做好准备。想象一下，如果我们能够通过理财为自己积累一笔应急资金，那么在面对突发情况时，我们就会有足够的底气去应对，这无疑会给我们带来足够的安全感。同时，通过长期的理财规划，我们还可以为自己未来的养老、子女的教育等做好充分的准备。

丽莎的财务重生

丽莎是一名顶尖的时装模特，凭借着出众的外貌和专业的台风，她在时尚界迅速崭露头角，收入也一度达到了令人羡慕的水平。然而，随着名气和收入的提高，丽莎也犯了一个许多人都会犯的错误：过度消费。

她购买了一栋又一栋的豪华别墅，车库里停满了名车，衣柜里挂满了名牌服饰和包包，她的生活看似风光无限。但在这背后，她的开销也在迅速增长，不知不觉间，她已经背负了巨额的债务。

刚开始，丽莎并没有意识到问题的严重性，她认为自己的高收入足以支撑这些开销。但随着时间的推移，巨额的债务压力逐渐显现，她开始感到焦虑，每月较高的还款额让她喘不过气来。

终于有一天，丽莎决定正视这个问题。她开始梳理自己的资产和负债，调整自己的消费习惯，不再盲目追求奢侈品，而是学会了理性消费和储蓄。随着时间的推移，丽莎的财务状况逐渐得到了改善。她不仅还清了欠款，还积累了一定的钱财。

丽莎的故事告诉我们，无论收入多高，都要学会理性消费和储蓄，避免过度消费带来的财务风险。

明晰财务，安全感自然来

很多人可能觉得，理财就是投资股票、基金等复杂的金融产品，但实际上，理财的起点是了解自己的财务状况。这并不是简单地查看银行卡余额，而是全面地掌握自己的资产、负债、收入和支出。简约理财，就是从这个基础出发，用简单明了的方式管理财务，给自己带来十足的安全感。

你的资产不仅局限于银行卡里的数字，还包括房产、车辆等实物资产。真正了解自己的资产，就是要知道哪些东西能为你创造长期的价值，如能够持续带来租金的房产或是定期分红的投资。

简约理财的原则是，提前规划好每月的预算，并实时记录每一笔支出。这样一来，你就能避免月底发现“钱不知道去哪儿了”的尴尬。同时，负债也不是洪水猛兽。合理的负债，如房贷、车贷，能够帮助你提前实现梦想。但关键是，你要清楚自己的负债水平，确保它不会成为你生活的重担。

1. 制订并遵守预算

你需要记录每个月的收入与支出，然后根据这些信息来设定一个既实际又能遵守的预算。合理的预算不仅能帮助你控制开支，还能确保你有足够的资金用于储蓄和投资。

2. 减少不必要的消费

仔细观察你的消费习惯，找出非必需的开销，如频繁外出就餐、高额的娱乐费用或是不再使用的订阅服务，并考虑减少这些开支。通过精简消费，你不仅能节省资金，还能培养更加理智的消费观。

3. 建立紧急基金

建立一个紧急基金，通常建议存储相当于6~12个月生活费用的资金，用以应对突如其来的经济需求或不可预见的紧急情况，从而保证在面临困难时不会因资金问题加剧困境。

4. 简化投资策略

选择简单有效的投资方式，避免过于复杂的投资策略，以降低管理成本和潜在风险，实现长期稳健的增值。

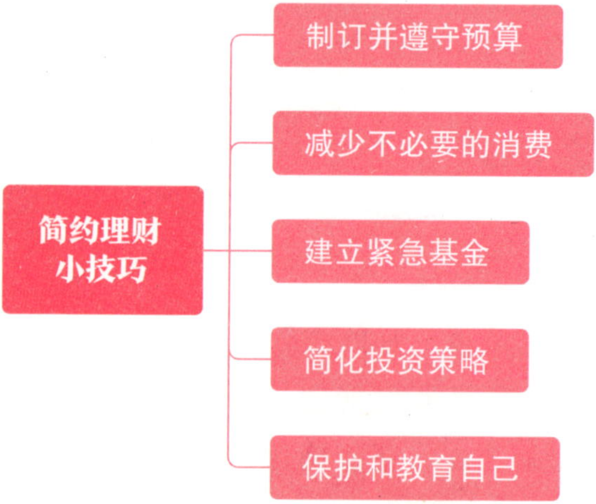

5. 保护和教育自己

保险是理财计划中不可忽视的一部分。合理购买健康保险和意外保险，可以防止意外事件对你造成重大的影响。

简约理财的核心

简约理财的核心在于明晰自己的财务状况，并据此进行合理规划。我们可以选择稳健的投资方式，如定期存款、购买债券等，以确保资金的安全。同时，也可以适当配置具有增长潜力的投资产品以实现资产的增值。

储蓄小达人，轻松积累财富

实现财富梦想是许多人心中的追求。但这条路并非坦途，需要我们仔细规划，勇敢实践。储蓄不仅是为了应对未来的不确定性，还是一种智慧的生活方式，能够帮助我们实现财务自由。

在现代社会中，我们时常被各种消费诱惑包围。从铺天盖地的广告到社交媒体上的流行潮流，无处不在地刺激着我们的购买欲望。越来越多的女性追求简约生活，希望通过精简物质拥有来获得内心的宁静和平衡。然而，面对各种消费诱惑，我们需要学会区分真正的需求和欲望。

真正的需求通常是生活中必不可少的部分，如食物、衣物和住房等，而欲望则往往是非必要的、用来满足自身心理或社交需求的物品。通过避免盲目跟风和过度消费，我们不仅能够实现简约生活，还能将更多的资金用于储蓄和投资，从而实现财富的稳步增长。

储蓄的智慧

储蓄并不是简单地把钱存入银行，而是一种全面的财务管理策略。它要求我们认真审视自己的收入和支出，制订合理的预算并坚持执行。通过储蓄，我们不仅可以为未来打下坚实的基础，还可以培养自己的耐心和长远规划的能力。

想象一下，如果你每个月都将一定比例的收入定期存入一个专门的储蓄账户，随着时间的推移，这笔钱会逐渐增长，积累成一笔可观的金额。这样的习惯不仅能帮助你建立稳固的财务基础，还能为你未来可能出现的紧急情况或有价值的投资机会做好准备。

当生活中出现紧急情况时，如突发的健康问题或家庭维修，你将能够轻松地拿出这笔资金来应对，而不需要匆忙寻

求贷款或动用其他资产。这种感觉是不是很棒?

简朴的科技巨头——马克·扎克伯格

当我们提到马克·扎克伯格时，大家的第一反应往往是Facebook，这个红蓝色调的社交媒体图标几乎成了现代人生活的一部分。这位年轻的科技大佬，凭借一个创意改变了数十亿人的社交方式。

你可能会想，像扎克伯格这样的全球顶级富豪，生活应该是极尽奢华的。但实际上，他在日常生活中的作风与这种刻板印象大相径庭。尽管财富惊人，扎克伯格却选择了一种非常节俭和低调的生活方式，这与许多人对富豪的固有印象形成了鲜明的对比。

扎克伯格的衣柜并不像你们所想象的那样挂满了名牌服装。相反，他的衣柜里有多件一模一样的灰色T恤。这种选择不仅展现了他亲民的一面，更重要的是，它还减少了在服装上不必要的开支。身着简单的灰色T恤，扎克伯格在公众场合出现，毫无富豪的架子，更像是一个普通的程序员或者创业者。

除穿着外，扎克伯格的饮食习惯也同样简单。他并不追求高档餐厅的美食，而是选择健康且经济的食物。据说，他的早餐通常只是一份普通的麦片或者炒蛋。这样的饮食习惯不仅对他的健康有益，也帮助他节省了大量的餐饮费用。

那么，为什么扎克伯格会选择这样的生活方式呢？是因为他缺钱吗？显然不是。扎克伯格坚信，通过简化自己的日常生活，可以减少很多不必要的干扰和开支。这样一来，他就能更加专注于自己的事业。

扎克伯格用实际行动告诉我们：真正的成功并不在于你拥有了多少物质财富，而在于你如何用这些财富去创造更大的价值。他的简朴生活方式，不仅是对个人财富的一种明智管理，更是对人生价值和目标的一种深刻理解。

储蓄的力量

制订预算：首先，清楚自己的收入和支出情况，制订合理的预算。确保每个月都有一部分收入用于储蓄。

定期储蓄：创建一个专门的储蓄账户，每个月定期存入一定金额。这可以帮助你养成良好的储蓄习惯。

减少不必要的开支：审视自己的消费习惯，减少不必要的开支。例如，可以选择公共交通工具而不是打车，或者在家做饭而不是经常外出就餐。

投资自己：将储蓄的一部分钱用于提升自己的技能和知识，这可以为你的未来带来更多的机会和收入。

- 如何成为储蓄小达人
  - 制订预算
  - 定期储蓄
  - 减少不必要的开支
  - 投资自己

储蓄的力量在于它的复利效应。当你刚开始储蓄时，你可能觉得金额很小，但随着时间的推移，这笔钱会不断增多。通过合理的投资和理财策略，你可以让这笔钱创造更多的财富。

投资入门：让你的钱动起来

简约生活不仅是物质的减法，还是一种精神的加法，它让我们更加专注于生活的本质。而投资也可以与简约生活的理念完美结合，帮助我们在追求经济独立的同时，实现生活的优雅与从容。

对于现代女性来说，简约生活正在成为一种新的生活方式。简约生活不仅可以减少不必要的物品和消费，还将有限的资源花在能够真正提升生活质量和幸福感的地方。让钱“不闲着”，实际上是简约生活的一部分——通过合理的理财和投资，让每一分钱都能发挥最大的价值。

认识钱的时间价值

我们都知道，钱是有时间价值的。同样一笔钱，今天拿到手的价值要比明天高。因为钱可以生钱，通过合理的投资，我们可以让资金在时间的推移中增值。对于追求简约生活的女性来说，了解并利用这一经济原理，可以让我们的生活过得更加从容和优雅。

在投资的过程中，我们同样需要保持理性，不被市场的短期波动左右。通过合理的投资和风险预测，我们可以在资金安全的前提下，实现稳健的收益。这种理性投资的态度，不仅能让我们的财富持续增长，还能让我们在简约的生活中保持一份从容与优雅。

商业圈的隐形富豪

在商业圈之外，有一些低调的富豪隐藏在我们身边。他们的财富故事虽然不是公众关注的焦点，却非常吸引人。他们凭借敏锐的头脑和独特的眼光，在投资理财领域大显身手，同时保持低调，过着简约的生活，实现了惊人的财富积累。

赵某就是这类富豪的典型代表。他从一名普通职员开始，后来自己创业，面对挑战毫不退缩，展现出卓越的投资才能，公司资产也迅速增长。他崇尚简约，认为幸福来自内心的宁静和满足，生活简单有规律，不追求奢华。用自己的智慧将简约生活演绎成了财富的华丽转身。

这些隐形富豪们以谋略和胆识为后盾，行事低调而稳健。他们深知，简约的生活方式不仅能让他们更好地享受财富带来的自由与安宁，还能让他们更加专注于事业的发展。对于我们普通人而言，虽然难以达到他们那样的财富高度，但我们可以从他们的故事中汲取宝贵的经验和启示。

学习他们的投资理财方法，不仅能让我们的“钱商”更高，还能让我们在人生的道路上走得更加稳健。说不定哪天，我们也能在简简单单的日子里，创造出自己的财富故事呢！

让闲置资金“动”起来

简约生活倡导高效利用资源，不浪费、不奢华。那么，对于我们手中的闲置资金，也不应该让它们静静地“躺”在银行里。或许有人会说，我把钱存入银行，不是也能赚取利息吗？这怎么能是资金闲置呢？银行存款确实能够带来一定的利息收益，然而这种收益相对较低，往往难以抵消通货膨胀对货币价值的影响。

换言之，如果你只是将钱存入银行而不进行更有效的资产配置，随着时间的推移，这笔存款的实际购买能力可能会悄无声息地降低，你的财富也可能在无形之中缩水。通过投资理财，我们可以让这些资金在风险可控的前提下，获得更高的收益。无论是购买股票、基金，还是投资房地产、黄金，都是值得考虑的选择。

当然，投资理财需要一定的财经知识和分析能力。但不用担心，随着金融科技的发展，越来越多的理财平台和工具可以为我们提供便捷和多样的投资渠道。我们可以利用这些平台和工具，根据自己的风险承受能力和投资目标，制定合理的投资策略。这对于没有太多理财经验的女性来说，是一个非常好的机会。

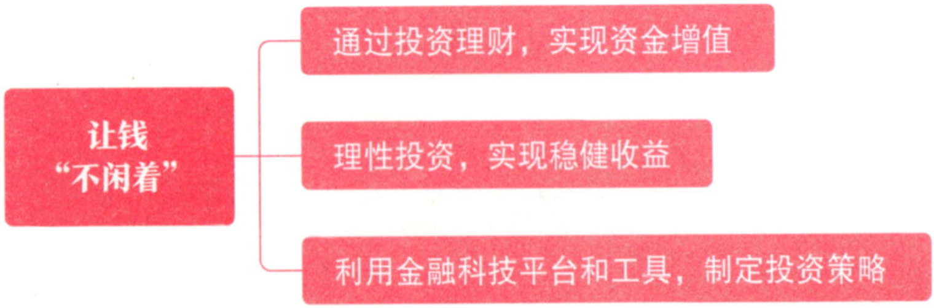

投资自己，内外兼修

对于女性来说，投资自己永远是最值得做的事情。利用闲置的资金来提升自己的技能和知识，不仅可以增加个人的竞争力，还能让日常生活更加丰富多彩。报名参加职业培训课程、学习新技能或者攻读学位证书，都是不错的选择。这种内外兼修的投资方式，让我们在简约的生活中焕发出独特的魅力。

用“闲钱”提升生活品质

简约生活并不意味着生活简陋。相反，我们应该在简约中寻找生活的乐趣和品质。利用闲置的资金去旅行、拓宽视野、体验不同的文化，或者用这些钱来购买提升生活品质的

物品，如一台新电脑、一台智能电视等。这样一来，我们不仅能享受到更好的生活体验，还能刺激消费、促进经济的发展。

在探索简约生活的道路上，我们不应仅满足于物质的减少和消费的节制，还应追求一种内外兼修、品质与幸福并重的生活方式。通过投资理财，我们不仅能够实现资金的增值，为未来的生活提供坚实的保障，还能在这一过程中锻炼自己的财商，培养理性思考和决策的能力。同时，投资自己，不断充实自己的知识和技能，也是我们走向更好未来的重要途径。让我们在简约生活中找到属于自己的节奏和幸福，用智慧和勇气去书写属于自己的财富故事，让每一天都充满希望和美好。

不要让其他人知道自己有多少钱

我们应该学会在适当的时候保持低调和谨慎。这并不是说要我们完全隐藏自己的财富或成就，而是要在分享时考虑到可能带来的后果，并学会在保护自己和展示自我之间找到平衡。

随着社交媒体和网络的普及，越来越多的女性开始在网络上分享自己的生活点滴，包括购物心得、旅游经历等。然而，过度分享可能会暴露自己的经济状况、生活习惯甚至情感状态，从而引来不必要的关注和麻烦。

小心别有用心的人盯上你

一些女性喜欢在社交媒体上晒自己的奢侈品或高端旅行经历。这样的分享，虽然能给自己带来短暂的满足感，但也可能吸引一些不怀好意的人。他们可能会通过各种手段接近你，甚至利用你的信息进行诈骗或做出其他别有用心的行为。

另外，从情感安全的角度来看，“财不外露”也是女性保护自己免受情感伤害的一种方式。在恋爱或婚姻关系中，经济状况往往是一个敏感而复杂的话题。如果女性过于坦诚地展示自己的财富或经济状况，可能会引发伴侣或家人不必要的压力、误解甚至嫉妒。这样的情绪积累，最终可能会对这段关系造成负面影响。

当爱情遭遇金钱的考验

陈某是一个聪慧而美丽的女孩儿，与张某相识不久后，两人便坠入了爱河。当张某邀请陈某去他家做客时，她欣然答应，期待着与男友家人的见面。

张某的家庭条件非常优越，父母都是知名的企业家，家中装饰豪华，生活富足。然而，在陈某第一次以女友的身份正式拜访张某的父母时，对方却提出了一个出乎意料的要求——结婚时，陈某必须拿出三十万元的陪嫁，否则他们将不同意这门婚事。

面对这样的要求，陈某感到十分困惑和不解。她不明白，为什么初次正式见面，就要涉及现实的金钱问题。在张某的劝慰下，陈某开始以为这只是男友家人对她的一种考验，或许他们只是想确认她是否真心想融入这个家庭。

为了表明自己的诚意，也为了能与张某共度余生，陈某坦诚地告诉张某及其父母，自己家境虽不算显赫，但也有房有车，而且她本人还有一定的存款。她本以为这样的坦诚会赢得男友家人的理解和接纳，然而事实却截然相反。

在陈某暴露自己的经济条件后，她发现男友及其父母的态度发生了显著的变化。他们开始对陈某挑三拣四，甚至流露出一种轻视和傲慢的态度。陈某感到自己被物化，仿佛她的价值仅仅取决于她的经济状况。更令她痛心的是，男友张某也开始受到家人的影响，对她的态度变得冷淡和疏离。

与此同时，陈某的父母在得知这一情况后，也开始为女儿的未来担忧。他们深知“贫贱夫妻百事哀”

的道理，担心如果陈某没有足够的经济支持，婚后在富裕的张家肯定会受委屈。因此，他们也劝说陈某，为了婚姻的幸福和稳定，必须满足张家的要求，拿出三十万元的陪嫁。

然而，陈某却陷入了深深的困惑和挣扎之中。她不愿意让自己的爱情沦为金钱的交易，更不想因此失去尊严和尊重。她开始反思自己的选择，是否应该为了爱情牺牲自己的原则和底线？

在恋爱中暴露财富有时并不明智，它可能会改变对方及其家人对你的看法和态度，甚至让你陷入被物化的境地。我们应该明白，爱情不是建立在金钱之上的，而是基于相互尊重、理解和支持。当我们面临类似的道德与利益的抉择时，应该坚守自己的原则和价值观，只有这样，我们才能找到真正属于自己的幸福和尊严。

你会把自己的收入情况分享给身边的人吗

当你经过多年的辛苦工作，日子逐渐过得越来越好，收入也稳步上升时，你可能会觉得这是自己辛勤劳动的成果，应该让家人知道，让他们为你骄傲。确实，收入的提升和积蓄的增加是对自己努力的一种肯定和回报。然而，金钱问题并非只是一个简单的数字游戏，它可能会对人际关系产生深远的影响。

小蒋是个非常有能力的女孩儿，工作努力，薪水也很高。她对自己的收入感到很满意，就告诉了父母这个好消息。但她没想到，这样的坦诚给自己带来了一连串麻烦。

有一天，小蒋的父亲告诉她，他的银行卡出了问题，不能还车贷了，希望小蒋能帮他垫付一下。小蒋虽然有些犹豫，但想到父亲遇到了困难，她还是决定帮忙。然而，这只是开始。

小蒋的父母早就离婚了，父亲从来没有承担过家庭的责任，但他总是能找到各种理由向小蒋要钱。每次，小蒋都觉得很为难，她知道自己不应该一直满足父亲的要求，但是亲情的压力让她很难拒绝。

时间一长，小蒋开始意识到，如果当初她没有坦诚地告诉父母自己的收入状况，或许就不会陷入这样的困境。她开始明白，有时候隐藏一部分财富，维持简单的生活，可以避免很多不必要的麻烦和困扰。

亲情是无价的，但也不能成为被他人利用的工具

在如今的社会中，金钱往往与信任、友谊和家庭密切相关。金钱问题常常被视为一个敏感话题，处理不当可能会引发一系列的矛盾和冲突。我们希望与亲朋好友之间的关系是纯粹的、真诚的，不希望因为金钱问题而受到影响。

- 不要轻易透露自己的财务状况
  - 过度分享可能会暴露经济状况、生活习惯等
  - 晒生活可能吸引别有用心的人
  - 经济状况是恋爱或婚姻中的敏感话题
  - 坦诚收入可能给自己带来人际关系方面的问题
  - 向外界炫耀财富易引起嫉妒和不满

另一位朋友则选择了另一种方式来处理这个问题。他在告诉家人和朋友自己的收入情况时，特意将自己的收入数额

降低了一些。他认为，这样既可以让家人感到安心，又不会引起过多的关注和压力。虽然这种做法有隐瞒的成分，但他觉得这是一种保护自己和家人关系的方式。

网红罗某的悲剧：财不露白的警示

在这个数字化时代，网络红人，或简称“网红”，已成为一种炙手可热的社会现象。他们借助短视频、直播等新媒体平台，与成千上万的粉丝互动，分享生活的点滴，甚至带货销售，从而积累了大量的财富和名声。但这种光鲜亮丽的背后，也隐藏着不为人知的风险。

某网红罗某就是一个令人扼腕叹息的例子。他以反串表演在短视频平台上走红，迅速积累了百万粉丝。短短几年，便实现了许多人梦寐以求的财富自由。然而，正是这份耀眼的成功和高调的生活方式，为他埋下了悲剧的种子。

罗某经常在社交媒体上晒自己的奢华生活，无论是昂贵的玉器、金光闪闪的黄金饰品，还是他优渥的生活状态，都无一不向外界展示着他的成功和财富。正是这样的炫耀引来了不法之徒的觊觎。

2023年7月，罗某突然给家人发消息，称有私事需要外出“躲躲”，之后便与家人失去了联系。他的多个社交媒体账号也停止了更新，这让粉丝们感到困惑和担忧。直到8月底，家人报警求助，一周后，警方确认了罗某已遇害的消息。

在这个复杂的社会中，人心难测，你永远不知道自己的炫耀会带来怎样的后果。罗某的朋友，或许正是因为看到了他频繁地炫耀，才心生歹念，最终导致了这场悲剧。

无论我们身处何种地位，拥有多少财富，都应该保持一颗谦逊、低调的心。我们应该学会“知无不言，言无不尽”的智慧，知道在什么时候、什么场合该说什么话。在这个复杂多变的社会中，保护自己的财富和生命安全至关重要。我们应该时刻保持警惕，不要过于显露自己的财富和地位，以免成为不法之徒的目标。

当然，这并不是说我们应该对家人和朋友完全保密。适

度的沟通和透明是维持良好关系的基础。我们可以选择在适当的时候与信任的人分享财务信息，但要注意分寸和方式。比如，可以告诉家人你有一定的积蓄，但不必详细说明具体金额。这样既能让他们感到安心，又不会引起过多的关注和压力。

消费不盲目，精致生活我掌控

真正的精致不在于拥有多少物质财富，而在于如何明智地选择并珍惜每一份拥有。倡导简化生活，减少不必要的开支和浪费，让生活回归本真。这样一来，就可以让生活变得更加有序和高质量。

如何在消费与节省之间找到平衡点，过上既精致又经济的生活，是我们每个人都应该思考的问题。在这个过程中，“控制消费：少即是多”的理念显得尤为重要。它不仅是一

种生活方式，还是一种生活态度，它让我们明白，真正的精致不在于拥有多少物质财富，而在于如何明智地选择并珍惜每一份拥有。

巴菲特的简单生活哲学

沃伦·巴菲特，一个在投资界如雷贯耳的名字，他是全球最成功的投资者之一，以其独到的投资眼光和精明的投资组合管理而著称于世。然而，尽管他在投资领域取得了巨大的成功，积累了无数的财富，但他的生活方式却与他的投资风格截然不同，显得异常低调和简朴。

巴菲特的生活哲学非常简单："省钱比赚钱更容易。"这句话不仅是他投资理念的精髓，也是他日常生活的指南针。在他看来，赚钱固然重要，但如何合理地管理和使用这些财富同样重要，甚至更加关键。

就拿他的住所来说，巴菲特的家是一栋多年前购买的普通房子。与动辄数百万、数千万美元的豪宅相比，他的房子显得尤为低调和朴实。你可能会好奇，为什么一个拥有巨额财富的人会选择住在这样一所普通的房子里呢？巴菲特的回答很实在："家就是一个居住的地方，只要满足基本的生活需求就足够了，没有必要花费巨额资金去购买一座超出自己实际需求的豪宅。”

他的汽车选择也体现了同样的节俭理念。尽管他完全有能力驾驶最新款的豪华轿车，但巴菲特选择了一辆非常普通的车作为自己的代步工具。他认为，汽车的主要功能就是代步，没有必要为此花费巨额资金。这种理性的消费观念让他在生活中避免了许多不必要的开支。

然而，这种节俭的生活方式并不意味着巴菲特是一个小气或吝啬的人。相反，他将节省下来的钱用于更有意义的地方，如慈善事业。他捐出了自己的大部分财富帮助那些需要帮助的人，这体现了他的社会责任感和人文关怀。巴菲特用自己的行动证明了，真正的成功不仅是财富的积累，而是如何合理地使用这些财富来为社会和他人创造价值。

消费不盲目

在购物时，我们经常会被各种促销和折扣商品吸引，不知不觉购买了很多东西。然而，这些看似划算的购买往往并不是必需的，甚至根本就不会被使用。为了避免这种情况，我们可以在购物前先列出需要购买的产品清单，坚持只买清单上的商品，同时比较几家店铺的价格，选择性价比最高的产品。

在日常生活中，我们还需要关注经常被忽视的小额开销。比如，一杯咖啡、一份零食等，这些看似不经意的开销，长时间积累下来也是一笔不小的支出。如果我们能够有意识地减少这些开销，积少成多，最终也能省下一笔可观的钱财。

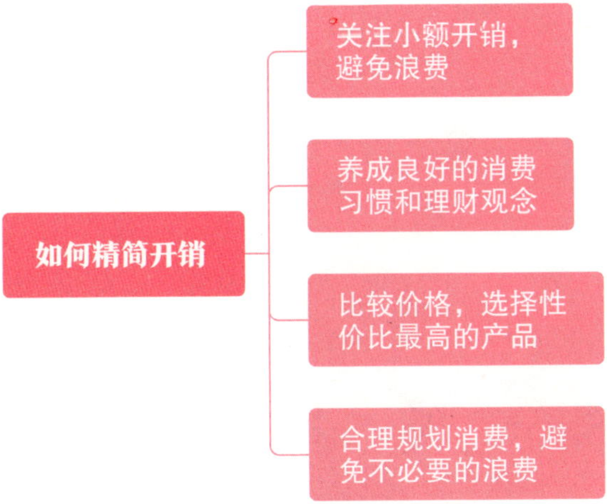

每当你成功地避免了一次不必要的开销时，你会有一种成就感。这种感觉会让你更加自信和坚定地走在理财的道路上。你会发现自己不再为金钱所困扰，而是能够更加从容地面对生活中的各种挑战。

除此之外，我们还需要学会省钱的小妙招。比如，在购物时，我们可以利用优惠券、打折信息等来降低购物成本。

在日常生活中，我们可以选择性价比更高的交通方式、餐饮方式等。

聪明的女人，要学会收入三分法

在这个变化多端的世界里，聪明的女人不仅要会赚钱，还要会巧妙地管理自己的收入。而收入三分法就是一种既简单又实用的理财智慧，它教我们将每月的收入合理地进行分配，让每一分钱都发挥出最大的作用。

掌握个人财务是每个人都应具备的基本能力。特别是对女性来说，理解并实施有效的理财策略显得尤为重要。其

中，收入三分法是一个非常实用和高效的理财工具，它不仅可以帮助女性有效地管理自己的财务，还可以为未来的不确定性做好准备。

聪明女性如何运用收入三分法

先说说生活费用部分。这就是用来支付我们每个月的基本开销，如房租、水电费、吃饭和交通等。为了有效地控制这些开支，我们可以制订一个预算并严格执行。比如，月初列个购物清单，避免冲动购物；比比价格，选择性价比高的；用优惠券和促销活动省点儿钱。这样一来，我们既能满足基本的生活需求，又能避免不必要的财务压力。

接下来是储蓄部分。把收入的三分之一存起来，这是个很重要的自我保障措施。储蓄可以帮我们应对突发的经济需求，如医疗紧急情况或家里的设备突然坏了。而且储蓄也是实现长期财务目标的关键，如买房、孩子的教育支出和养老。对女性来说，建立和维护一个健康的储蓄账户是实现财务独立和安全的重要步骤。我们可以选择定期存款或其他低风险的金融产品来保证资金的安全和适度增长。

最后是活动资金部分。这部分钱可以用来做我们喜欢的事情和娱乐活动，如旅行、社交、兴趣和爱好等。对忙碌的女性来说，合理使用这部分资金很重要，因为它可以提升我们的生活质量，帮我们减压和放松。但是，用这部分钱的时候也要谨慎考虑，避免超支。我们可以设置一笔预算，用于每月的娱乐和休闲活动，同时也可以把一部分资金用于投资自己的个人成长，如参加培训课程或健身计划。

总之，收入三分法是一个既简单又实用的理财方法，它可以帮助我们更好地管理自己的财务，享受稳定生活的同时也为未来做好准备。聪明的女人懂得如何平衡生活、储蓄和享受，她们会用自己的收入来实现自己的梦想和追求，让生活更加丰富多彩。

收入三分法

每月收入到手后，别急着花，先把它们大致平分为三个部分：

生活费占 1/3：即房租、水电、通信、柴米油盐等必要开销，无论如何都要保证这部分钱不被动用。
储蓄占 1/3：存入银行，没有特殊开销时尽量少动用。
活动资金占 1/3：剩下的这部分可根据自己目前的生活目标，较为自由地使用，如用来旅行、购物、聚会或投资等。

财富来去如梦，理性消费方为智

生活中总有一些人，他们虽然收入颇丰，却因为缺乏理财的智慧，最终陷入了困境。在一个小县城里，有对夫妻曾过着令人羡慕的富裕生活。丈夫是家族企业的管理者，通过企业资源，前些年每年收入达到百万级别。这样的收入在小县城中无疑是顶尖的存在。于是，夫妻俩开始过上了富裕的生活。

妻子原本在国企工作，但繁忙的工作让她决定辞职回家，专心准备生二胎。他们把家里的车换成了价值50万元的豪车；房子也升级为郊区的别墅，每月按揭费用高达3万元；别墅装修更是一掷千金，花费200万元，全部是贷款；女方的弟弟结婚时，他们慷慨解囊，份子钱给了50万元；家中衣食住行全部是最高标准。

然而，好景不长，突然的变故使得家族企业每况愈下，最终不得不转手。丈夫从企业管理者变成了普通职员，收入骤降。同时，由于市场不景气，郊区的别墅也无法出售，家中存款几乎见底。

面对突如其来的变故，夫妻俩的生活陷入了困境。丈夫开始尝试创业寻找新机会，而妻子则重新就业，每月收入5000元，用以维持家庭日常开支。男方的父母不得不卖掉一套房子，以帮助他们支付别墅的月供。两个孩子也只能在家门口的公办学校就读，生活水平大幅下降。

所以说，年入百万元虽然是高收入，但如果因此就失去了对风险的客观认识，那掉落的速度可比你想象的要快得多。我们要获得财富很不容易，要失去财富却容易得很。这个故事告诉我们，无论什么时候都不要乱花钱，不要盲目追求高消费和享受生活而忽略了潜在的风险。

通过实践收入三分法，聪明的女人学会了如何在满足当前需求与规划未来之间找到最佳平衡点。她们让自己的生活既有序又充满乐趣，既稳定又充满无限可能。她们知道，理财不仅是数字游戏，还是一门生活的艺术。